现代农民科学素质教育丛书

QUWEI XINLIXUE

趣味心理学

阮 鹏 编著

四川出版集团
四川教育出版社
·成 都·

图书在版编目（CIP）数据

趣味心理学/阮鹏编著. —成都：四川教育出版社，2010. 4
（现代农民科学素质教育丛书/董仁威主编）
ISBN 978-7-5408-5295-5

Ⅰ.①趣… Ⅱ.①阮… Ⅲ.①心理学-普及读物
Ⅳ.①B84-49

中国版本图书馆 CIP 数据核字（2010）第 046100 号

策　　划　安庆国　何　杨
责任编辑　余　兰
封面设计　毕　生
版式设计　张　涛
责任校对　喻小红
责任印制　黄　萍
出版发行　四川出版集团　四川教育出版社
　　地　　址　成都市槐树街 2 号
　　邮政编码　610031
　　网　　址　www.chuanjiaoshe.com
印　　刷　成都市书林印刷厂
制　　作　四川胜翔数码印务设计有限公司
版　　次　2010 年 4 月第 1 版
印　　次　2010 年 4 月第 1 次印刷
成品规格　148mm×210mm
印　　张　5
字　　数　112 千
定　　价　10.00 元

如发现印装质量问题，请与本社调换。电话：（028）86259359
营销电话：（028）86259477　邮购电话：（028）86259694
编辑部电话：（028）86259381

编委会

前 言

创新　柳暗花明又一村

任何领域都是那些始祖或鼻祖最有名气了，因为他们开拓了一个新领域，一个赚钱的行业，并养活了一大群追随者。正如人们只记住了第一个“吃螃蟹”的人，后来者的名气难以超越之。盲目效仿者往往会被人嘲讽为“东施效颦”。成功的关键常常在于成功者的创新精神，在于他勇于尝试别人没有做过的事情。

苏联心理学家达维多夫就曾总结出一个规律：没有创新精神的人永远都只能是一个执行者。只有敢为人先，才有资格成为真正的先驱者。后来人们以他的名字把它命名为“达维多夫定律”。

科学家做过这样一个实验：将数量相同的蜜蜂和苍蝇各放在一个玻璃瓶里，瓶子横放，瓶底部一律朝向有光线的窗户，而瓶口处则朝着阴暗的一方。结果，蜜蜂都聚集在瓶子底部寻找出路，因为它们惯于使用光线的引导，最后全部累死在瓶子里。而苍蝇呢，似乎不拘于常理，在瓶子里嗡嗡地乱窜，无意间发现出口，于是全部成功逃脱。

这个实验对我们的启发就是：不要墨守成规，要敢于打破传统的、呆板的经验，只有创新才有出路。

在现实生活中，有这么一个笑话：在北方有一个香皂厂，因为未知的原因装100个香皂总会出现一个漏装的空盒。厂领导为了解决这个问题，请了数位博士，多位专家，提供100万元的科研经费。半个月后，专家们终于研究出了一个解决办法：用一台X光机对所有盒子扫描，数据输入电脑后，凡是出现空盒，电脑就会报警；同时设计了一只机械手，电脑一旦报警，机械手就自动把空盒拿走。整个工作是在电脑控制下进行的，厂家很满意。然而这样的情况在南方的另外一个香皂厂也同样出现过，只不过厂长责令那条生产线上的老工人：限你一周之内解决，否则走人！老工人也没有多想，用了一个很“土”的办法解决了这一问题：在出现空盒的线上摆上一台电扇日夜不停地吹，空盒香皂自然就被吹到一边，问题轻松解决了。

博士专家花了100万用高科技手段解决的问题，老工人用一台电扇就解决了。到底是谁的办法科技含量更高，更聪明呢？当然还是博士专家们，只不过缺少了创新。可见有时候所谓高科技的办法不过是一个昂贵的笑话。

在现实生活中，这样的事情应该不少。有一家外国酒店，因为电梯不够使用，酒店高层决定新增一部电梯，可是怎么增加呢？这是一个大难题。高层领导于是请来多名专家商讨对策，最后专家们一致认为，只有在每层楼的地上打一个大洞才能安装。在专家们实地考察的时候，一位清洁工听到他们要打洞的消息，很不满地说：“你们打洞，弄得到处都是尘土，我可辛苦了。”专家只好抱歉地说：

“没办法啊，只好请你多多包涵了。”清洁工仍旧不满意：“干脆关闭一段时间再开放嘛。”专家说：“那可不行。”清洁工最后不耐烦地说：“我要是你，就把电梯放在外面去。”其实清洁工这样想不过是为了减轻工作负担随便说说。但是听到这句话的专家却眼前为之一亮，来了灵感。于是他们决定将电梯安装在楼外。就这样，一个建筑史上的奇迹诞生了，世界首部安装在室外的电梯。这样的设计不仅为酒店节省了大量的开销，也为其他建筑电梯的安装提供了一个全新的思路。

这就是创新之妙。故事本身也还启发我们：当局者迷，旁观者清。有时候我们需要多听听他人不同的意见，并且能够谦虚地思考别人意见的可行性。就像这几位专家，愿意尊重并倾听一位清洁工的心声。如果专家们摆出一副高高在上的姿态，想必也难以听到那些新鲜新奇的见解并创造奇迹了。

目 录

第一章

成功心理

让天敌吃掉你的懒惰

人天生就有惰性，例如倾向享乐，逃避责任，不思进取等。幸福美满家庭的子女，可能贪玩任性，学习成绩平平；一团和气的企业，也未必是一个高效率的团队，和气也许就是集体平庸和懒惰的土壤。

那么怎么解决人与生俱来的懒惰呢？先看一个关于鲇鱼的故事：

很早以前，挪威人喜欢吃沙丁鱼，但是渔民从深海捕捞起来的沙丁鱼还没上岸就都死了。不过，有一个渔夫却总是能带回活生生的沙丁鱼，卖价自然要比死的沙丁鱼高许多。在那样的年代他是用什么“高科技”保鲜的呢？原理很简单，就是在沙丁鱼里放入它的天敌——鲇鱼。没有天敌的时候，沙丁鱼一动不动地待在一起，死气沉沉的，过不了多久就翻白肚死掉了。但是放入鲇鱼后，由于鲇鱼不停地追捕沙丁鱼，沙丁鱼群不得不动起来逃生，被激发出强烈的求生欲望。所以沙丁鱼就能活着上岸了。

在现实世界，多数人都有懒惰特征，他们或安于现状，没有目标和理想，或者有雄心壮志，却没有行动的勇气。究其原因，往往就是人们贪图环境带给他的那么一点点舒适。而打破这一沉闷格局的最好办法就是引来天敌，引入竞争机制。这就是“鲇鱼效应”，现在已被广泛地运用到生产生活，乃至企业管理中。

“鲇鱼效应”运用之一就是引入竞争对手。同一个村的村民，互为生产竞争对手，双方不断改进生产技术，共同提高生产效率；同一个班集体的同学，互为学习竞争对手，同学们在竞争中相互提高学习兴趣和效率。对于一个行业，如果缺少竞争，则不是一件好事。例如某个公司垄断了该行业，该公司的科技含量、服务水平就可能停滞不前，老百姓承担的价格可能很高，但享受到的服务质量却未必很好。如果能有其他公司与之竞争，很可能大家的服务质量就会不断上升，价格呢则可能相对下降，老百姓得到的实惠就多起来了。对于竞争中的公司来说，他们也得到了飞速的发展，可谓两全其美。

鲇鱼型的领导者往往作风强势、办事果断、雷厉风行、说话算话、敢于变革。属下要么跟着鲇鱼一起动起来，拼搏前进；要么就被鲇鱼吃掉——辞退。正如拿破仑的名言所说：一只狮子领导的绵羊部队可以战胜一只绵羊领导的狮子部队。

许多人都知道草原狼的例子。澳大利亚某牧场上狼群出没，经常袭击牧民的羊。牧民于是求助政府和军队将狼群赶尽杀绝。狼没有了，羊的数量大增，牧民们非常高兴。可是，若干年以后，牧民们却发现羊的繁殖能力大大下降，羊的数量锐减且体弱多病，羊毛的质量也大不如从前。牧民这才明白，失去了天敌，羊的生存和繁殖能力也退化了。于是，牧民们又请求政府再引进野狼，狼回到草原，羊群又恢复了往日的活力。

“生于忧患，死于安乐”，就是这个道理。

在一半的地方成功

100米短跑的亚军问冠军：我天天坚持苦练100米短跑，可是总赢不了你，能告诉我你是怎么训练的吗？

冠军笑着回答：因为我平时练的都是两百米啊。这样，比赛100米时，我在一半的地方就赢了你。

真聪明！在一半的地方取得胜利。其实，不少运动员都自觉不自觉地加大自己的训练量，平时的训练量往往要比比赛时大得多，如此才可能轻而易举地完成比赛并战胜对手。

心理学家研究发现，人们的心理在半途时有一个脆弱点，容易导致人们半途而废。这就是心理学的“半途效应”。不能将事情进行到底，既浪费了人力物力造成失败，也给人们带来了失落的消极情绪。这既跟环境、任务本身的艰难程度有关，更与个人的毅力、精神品质有很大的关系。

那么怎么避免半途效应的负面影响呢？且看张三是如何爬上山顶的吧！

故事里的人所做的一切努力都是为了让张三成功登上山顶。

第一个人给了张三一个海拔计，告诉张三：这座山有4000多米高，你至少得爬一半才像样吧。张三听了，心里难免有些害怕，4000米，可是会出现高原反应呀！于是心里面已经抱有半路而返的准备了。结果等张三爬到2000多米时，发现自己居然已经到了山顶。他想，难道那人把山的海拔计算错了？

第二个人告诉张三：这座山不高，就4000来米，一般人都能够爬上去。你那个矮个子同学上回就爬上去过。矮个子同学都爬得上去，何况自己还是经常参加锻炼的人呢？于是张三信心十足地开始爬山，爬到一半，张三出现了高原反应，很难受，也很累，几乎想打退堂鼓了，却想起那人说的话，觉得如果自己不爬上去，那就太丢人了。于是他继续爬山，靠着不服输的信念也成功登上了4000多米的高峰。

第三个人做张三的登山教练。一路陪着张三登山。登到一半时，张三明显体力不支，就想下山，教练就不断地鼓励、鞭策张三。张三终于在教练的督促下成功登上了山顶。但是他知道，如果没有教练，他就不能成功。

第四个人对张三说，谁登上山顶谁就可以获得100元现金的奖励。奖金大大激发了张三登山的兴趣。但是登到一半时，张三就很累了，不想为了区区100元钱伤了筋骨。这时第四个人及时地把奖金提高到300元，进而再提高到500元。不断增加的奖金数额促使张三咬牙前进，也成功登上了山顶。

第五个人对张三说："我登上过山顶，你一定要登顶，那里的风景实在太美了，我简直难以用语言来形容。难得来一趟，你一定要去看看。"山顶到底有些什么风景呢？带着好奇，张三克服了重重困难，终于登上了山顶。山顶的景色其实没有什么大不了，就是一览众山小而已，但是那种登顶成功的感觉，站在山巅的气势，确实给了他与众不同的快乐和欣慰。

第六个人对张三说："既然你这个病不好治疗，不妨试试爬山，运动疗法。我有个亲戚，患了癌症，无药可救，也没钱看病。于是他就每天去爬他们后面的那座高山。早上爬到山顶看日出，心情特别愉快。天气不好也去爬山，挖点天麻、党参什么的中草药，也很有意思。有一次，下大雨，山体滑坡，他差点发生意外，幸好抓住树藤子才没掉下去。大难不死，他对人生更乐观了。两年后，他还没有死，医生也感到很奇怪，一检查，癌细胞全没了。你就要以他为榜样，挑战高山。"张三听了，很受鼓舞，于是开始爬山锻炼。虽然前几次失败了，但后来他终于成功登顶，身体素质也因此提高不少。

第七个人对张三说："你先登上半山腰，那里有个接待站，你先住一晚，恢复一下体力明天再登顶。"张三按此安排，用了两天时间成功登顶。

了解了半途效应的原理，我们就可以在半途的时候巧妙地克服人的疲倦、懒惰等情绪，最终促使人们走向成功。

信则灵

俗话说：信则灵，不信则不灵。如果自己有信念，相信能成功，你就会付诸行动，从而就有成功的希望。信念越坚定，就越容易成功。相反，不相信，你就会放弃努力和实践，结果就什么也没有。

著名小说《简·爱》的作者是英国作家夏洛蒂，她很小就有当作家的梦想。中学毕业后她就开始准备步入写作的道路，实现人生的梦想。可是她的这一打算并未获得周围人的支持。父亲告诉她，写作这条路太难了，还是安分工作吧。接着，夏洛蒂又给当时有名的诗人罗伯特·骚塞写信咨询，然而诗人却回信说：这个职业对你并不合适。夏洛蒂并没有被这些意见吓倒，她依然坚信自己具有写作的潜力，相信自己一定会成功。最终，她出版了让世人喜爱的长篇小说，成为优秀作家。

这其实涉及的是心理学的“贝尔效应”：越是想着成功，成功的景象就会在内心形成，从而像指路明灯一样指引自己前进；越是有了成功的信心，成功就更加可以实现。

曾经有一位在剑桥大学学习心理学的韩国学生，在英国他有机会接触到很多科学领域的成功人士。他发现这些成功人士语言幽默，在谈起自己成功历程时显得举重若轻，仿佛一切都那么水到渠成，丝毫没有什么艰难险阻。但是当他将目光放回国内，却发现国内的一些成功者老是大谈自己创业的艰辛，夸大成功的难度，其结果是既不能鼓舞他人，也把很多打算创业的人给吓怕了。这位韩国学生就围绕这个主题完成了自己的毕业论文，导师大加赞赏，并将论文转给当时的韩国总统。附信说：我不敢说这部著作对你有多大的帮助，但我敢肯定它比你的任何一个政令都能产生震动。

积极的鼓励总比消极的评价作用大。在心理学里还有一个名词叫“自我效能”，意思是当一个人在做某件事前对自己完成任务能力的评价。对自己评价越积极，自我效能越高，那么他就乐意去挑战难题，获得成功。消极的评价结果是使人害怕失败，在困难面前退缩不前，其后果是可想而知的了。而且自我效能易受他人评价的影响。例如别人对自己的评价越好越合理，越有利于个人形成积极的自我评价。反之，就可能导致不利的局面。例如高考前，家长给考生制订的目标过大，给考生很大的心理压力，觉得实现目标困难，自我效能下降，考生就会因此陷入担忧和烦恼之中，影响他正常的复习备考。不切实际的期望，也是一种有害的负面的影响。而另外一部分成绩落后的学生，则更多的获得“你不行”之类的评价和预测，于是很多考生一早就产生了放弃高考的想法，严重影响自己正常能力的发挥。

所以，一个人在坚信自己能力和成功的同时，也需要注意不被周围消极的评价影响。坚定信念，才能产生动力，从而一步步向成功靠近。

草料丰富，毛驴还是饿死了

鱼与熊掌不可兼得，这句话除了告诉人们面对众多选择时我们往往只能去抓住其中一个外，还告诉人们：机会来临，莫要迟疑，否则机会稍纵即逝，结果你什么也没有得到。这后面的引申含义就是“布里丹毛驴效应”。

话说法国哲学家布里丹有一头毛驴，他必须买村民的草料来喂养。一次，村民因为敬重这位哲学家，就特意多给了毛驴一堆草料。不想毛驴站在两堆草料中间却迟迟没有下嘴。原来它在犹豫两堆草料到底哪堆草料质量好，可是看起来都一样啊。于是毛驴站在两堆草料的中间，左右走动就是没有做出最好的决定。等到布里丹远足归来，才发现自己的毛驴已经饿死了。

在中国古代的《聊斋志异》里记载着这么一个故事：两个小孩在深山里发现一个狼窝的两只小狼崽，于是一人抱起一只，离开狼窝。很快老狼嗷嗷叫着追来，两个小孩赶紧分别爬到两棵树上。老狼望着自己的崽子，不知该怎么办。这时，一个小孩故意揪狼崽的耳朵，弄得小狼崽悲惨地呻吟起来，老狼听到狼崽惨叫，赶紧跑过去。待它跑过去，另一个小孩也揪得狼崽惨叫起来，老狼于是又跑过来。就这样，两个小孩交替弄疼狼崽，老狼则不断跑来跑去，最后累死了，小孩则成功逃离。如果老狼一直守着一棵树，它至少可以救下一只狼崽或者逮住一个小孩。

在现实生活中，像这样需要我们当机立断的情况总会出现。

如果犹豫，就可能痛失良机。而预防布里丹毛驴效应也是有不少妙计的。

第一，要有自己的主见，不受他人语言左右就容易快速决断。话说古代的一对兄弟，哥哥发现天上飞来一群大雁，便举弓欲射。哥哥还没有射，弟弟却开始考虑怎么吃的问题了。弟弟说：煮着吃香。哥哥放下箭说烤着吃才香。幸好有人给他们出个好点子：大雁射下来，一人一半，想烤的烤，要煮的煮，各得其所。兄弟俩高兴地达成一致，再抬头望天，雁群已经飞远了。这就是哥哥受到弟弟语言的干扰，错过了射雁的时机。

第二，要舍远取近，抓住那个最容易成功的机会。正如有这样一道两难的选择题：你的妻子和儿子都掉下水了，他们都不会游泳，你先救谁？这时，千万不要纠结于妻子和儿子谁重要，正确的做法是谁近就先救谁，救你能够救起的那个。

成败的三种状态

父亲批评儿子：同样的老师教，人家学得好，你为啥就学不好？

在不少人看来，成绩优秀的学生跟成绩落后的学生存在智力方面的差异，并以此来理解在同样环境下，优生与差生的现象。其实这样的认识是完全错误的。排除天才和天生智力有问题者，我们大多数人的智商都是没有什么明显差异的，用统计学的术语来讲，就是“没有显著差异”，考99分的人跟考98分的人居于同一个层次。甚至，一些优生的智商往往还可能低于某些差生。是什么导致一个群体中，有的人容易成功，并不断地成功；而有的人失败，还一再地失败呢？

这样的现象，不仅仅是在学校里才有，各行各业，同样存在这些现象。换言之，人们在失败上，存在三种状态：成功，并继续成功；失败，接着失败；平时成功，关键时刻失败。答案，只能用心理学的原理来阐释。

第一种状态："成功效应或成功强化效应"。成功效应的表现就是：当一个人在某件事情上取得成功，尤其是首次成功，就会喜出望外、精神振奋、信心大增。这时，他就愿意去挑战新的难题，由此获得更大的成功刺激体验来满足内心的需要。那么这个人就进入"成功-信心-成功"的良性循环中，就可能干什么事情都容易成功。

第二种状态："失败效应"。当一个人在某件事情上经过一定努力而失败时，尤其是第一次就失败，失败体验过多就会让他厌烦做失败过的事情，遇到难题通常采取逃避行为。失败效应容易使他把失败的感觉辐射到其他领域，觉得自己不行，做任何事都悲观失望，缺乏基本的信心。

这就导致了优秀的越来越优秀，落后学生呢就容易一蹶不振。就像"贫富差距"不断拉大一样。对待处在失败效应中的人，我们可以积极给予鼓励，将目标分段实现，降低难度，帮助失败者逐渐体验成功的感觉，最终让其进入成功效应的良性循环中。

成败的第三种状态常被称为"詹森效应"。意思是说一个人在平时表现不错，但是一旦到了重要的时刻，例如高考等，就可能因为种种原因，如焦虑、紧张等，导致发挥失利。也就是说，关键时刻，重大事件，由于缺乏良好的心理素质，他往往容易失败。这个效应来自于丹·詹森的故事——

丹·詹森是一名速滑运动员，从1984年开始，他先后参加了多次世界级的比赛，获得包括两枚奥运金牌在内的七枚世界级的奖牌，并且打破七项世界纪录。但是谁又知道他前三次参加奥运会的失败经历呢？第一次，因为姐姐去世的沉重打击，使他连续在500米、1000米速滑比赛中失利。第二次、第三次，事先被人看好的他仍旧与奖牌无缘。平时训练成绩优异的他怎么就在比赛时发挥不出来呢？詹森仿佛陷入了失败的魔咒中。但是，詹森锲而不舍，在失败七次后，他依旧没有放弃，终于取得了1000米速滑的冠军。此后，詹森不断地取得更加辉煌的成就。

坚持就是胜利，锲而不舍是一贯失败者扭转命运的良药！不过，对待失败者，还有一种办法有时也能发挥特殊效应，这就是“激将法”。激将法其实就是故意激怒对方，从而给对方当头棒喝，让其醒悟。

好的效应，我们要积极地促成，不好的效应也可以用科学的方法去逆转。成功和失败，往往在于我们的心。

如果你是一只毛毛虫

毛毛虫很多人都见过，可是毛毛虫的特殊性格却少有人知。

昆虫学家做过这样一个实验，将很多毛毛虫首尾相接地摆放在花盘的边缘上，而附近则放着毛毛虫最喜欢吃的叶子。结果你猜怎么了？所有的毛毛虫都沿着花盆的边缘爬呀爬，不停地绕着圈子，而没有一只去寻找树叶吃。七天后，这些可怜的毛毛虫因为饥饿相继死去。

这就是毛毛虫的个性：喜欢尾随别人，按照固定的模式和经验去生活。在现实社会里，也会有不少人数十年如一日地维持着自己一成不变的生活，追求稳定，随大流，而不思改进和更新。这样的生活状态很可能是消极的。比如夫妻之间，一切都固定不变，日久势必生厌。因为日子过于平淡无奇，还可能造成两人之间感情的破裂。当然，如果一个人保持相对稳定的生活模式，倒是无可厚非。但如果这样的状态用在创作、生产、销售上，那就很可能导致失败，甚至破产。

清代著名书画家郑板桥从小酷爱书法，临摹历代书法名家的字迹足可以假乱真。虽然自己写的字跟名家一样好看，可是却少有人欣赏他的作品。没得到世人肯定，郑板桥便更加努力地练习书法。一个夏天，郑板桥乘凉时不禁在自己大腿上练起书法来，写着写着，忘情其中，竟然写到旁边妻子的大腿上了。妻子怒说："你有自己的身体，不写自己的体，怎么写我的体来了？"听了妻子的话，郑板桥来了灵感：对啊，我写自己的字体，干嘛要去模仿别人的字体呢？从此，郑板桥开始研究自己个性化的字体，最终成功形成了自己的书法字体，成为书法大家。

郑板桥的故事启发我们，做一件事情，有天赋，有热情，有吃苦的精神往往还不是成功决定因素，成功需要创新，从创新中取胜。

还有一个关于农业生产的故事。有一段时间，苹果生产过剩，供大于求，价格暴跌。很多果农积压了大量苹果，到霉烂也没能卖出去。这个时候，有一位农民突发奇想：何不在苹果上面弄点图案、文字什么的？于是他开始实验，将剪好的字贴在苹果上，由于字挡住了阳光，被覆盖的部分颜色浅很多，这样就使苹果上出现了一些明显的祝福字样。是年，苹果仍旧是大获丰收，但依旧卖不出去，而独独有字的苹果畅销起来，供不应求。这位果农创新成功，获得巨大的经济效益。次年，其他果农也开始纷纷效仿起他的做法，在苹果上“写字”。看到有人模仿自己，这位果农又开始创新，将不同的苹果“写”上不同的祝福用的字，这样数个苹果连起来就是一句祝福语了。到了苹果丰收的季节，他的果园客户纷至沓来，而其他果农的销量依旧远不如他。

可见，像毛毛虫一样地步人后尘，往往总是落后于人。成功的秘诀并不在于成功者用了什么方法，而在于一种创新的精神。要创造出独有的东西，这才是成功的秘诀。

给生活来点坏心情

偶尔碰到坏心情，算不了什么；时不时地有点坏心情，也不用害怕。相反的，坏心情可能给你带来意想不到的好处呢。

科学家最近的一项研究表明，情绪好坏会影响人们的记忆力水平。科学家称糟糕或寒冷天气导致人心情不佳时，记忆力往往较好；晴朗天气下的好心情则会分散注意力，使人变得健忘。

其实这个道理我们的祖先早就发现了。中医心理学最早提出“喜伤心”的说法：就是一味兴高采烈也不是好事，搞不好就可能伤及心脏，引发心血管类的突发疾病。例如《三国演义》中的刘禅，昏庸无能，乐不思蜀，然而就这点却把皇帝司马昭给笑死了，歪打正着，总算为自己的国家报了仇。中医把人的心情归为七种，就是“喜、怒、忧、思、悲、恐、惊”，七种情绪要相互调节才能维持心理和身体的健康。

所以，心情好未必真的好，重则引发疾病，笑死人；轻则使人放松警惕，高估形势，面对任务骄傲自满，结果就可能是乐极生悲。而坏心情呢，似乎像良药苦口利于病一样，虽然我们都不喜欢有坏心情，但适度的坏心情却有助于事业的成功。心理学家研究认为，适度的焦虑有利于人们提高警觉，从而提高考生考试，士兵打仗的临场水平；适度的忧虑也未尝不是好事，它可以使人居安思危，提高对事情判断的准确性。

当然，坏心情过度也不好。如果坏心情超过人的心理承受能力，就可能导致各种疾病。轻则短期内身体不适，食欲下降，入睡困难；重则损伤大脑，患上精神疾病，那就需要药物的长期治疗了。

坏心情就是一把双刃剑。这样的实例不止一次发生在我们身边：一个品学兼优的好学生，可能因为家庭的变故而从此闷闷不乐，成绩直线下滑；一个生活在幸福家庭里的妇女，有朝一日发现丈夫有越轨行为，一向安守本分的她开始变得暴怒，很可能做出出格甚至极端的事情来。用严重的坏心情打击美好的事物，可能就起破坏作用，但是它也可能起到建设的作用。一个碌碌无为，在社会上游手好闲的人，在遭受家人隐忍而发的斥责、白眼，尝到自酿的苦酒时，他也可能翻然醒悟，痛改前非，从此奋起直追，最终成功。此时，坏心情打破了一个平凡或者错误的现实状态，并建立了与糟糕的现状相反的新境界。

在坏心情来得猛烈和频繁的时候，我们要学会倾诉，如果不能倾诉那就需要勇敢地面对。亲戚朋友的帮助会像阳光烤化寒冰，让我们可以承受得起生活的打击。必要的时候我们还可以在心理卫生工作者的帮助、治疗下缓解心里的压力，恢复战斗的勇气。

所以，别让好心情一帆风顺地把自己关在温室中成长，让各种各样的心情来得丰富些。给生活来点坏心情，不断地锤炼自己的精神品质。身体与精神一起成熟，才能沉着、冷静、果敢地应对纷繁复杂的世事，一个人的生命才会因此五彩斑斓。

成功的催化剂

某些化学反应，需要特殊的催化剂。没有催化剂，反应会很缓慢，甚至根本不发生。人的奋斗与成功，同样存在和需要这样的“催化剂”。

罗杰·罗尔斯是美国历史上第一位黑人州长。小时候的罗杰·罗尔斯调皮捣蛋、旷课、斗殴，甚至砸烂教室的黑板。因为他出生于贫民窟，在这样的环境下长大的孩子很难获得什么体面的职业。一次在罗杰·罗尔斯跳下窗台时，老师皮尔·保罗像算命似地看着他的手说：我一看你修长的小拇指就知道，你将来是纽约州的州长。罗尔斯大吃一惊，因为长这么大，只有奶奶鼓励过他一次，说他可以成为五吨重小船的船长。这一次皮尔·保罗先生竟说他可以成为纽约州的州长，大大地使他振奋起来。他记下了这句话，并且相信了老师的判断。从那时起，纽约州州长就像一面旗帜引导着他成长。他的衣服不再沾满泥土，说话也不再夹杂污言秽语……在以后的几十年，他没有一天不按州长的标准要求自己。终于在他五十一岁那年，他真的成为纽约州第五十三任州长。

罗杰·罗尔斯的成功一定程度上可以归功于期望效应，也称为“皮格马利翁效应”。古塞浦路斯国王皮格马利翁喜欢雕塑。他精心地雕塑了一位美丽可爱的少女，并深深爱上了这个“少女”，取名盖拉蒂。他给盖拉蒂穿上美丽的衣服，真诚地期望自己的爱能被“少女”接受。终于，他的精神感动了女神，雕塑盖拉蒂果然变成了活生生的少女，成了他的妻子。

这个故事告诉人们：期望和赞美能产生奇迹。后来，哈佛大学的罗森塔尔博士做了一个有趣的实验，他来到一所学校，帮助学校的老师挑出一些具有天赋的学生，说他们将来必成大器。由于他的权威，老师信以为真。一年后，他挑出的这些学生果然个个成绩优异，表现良好。然而谁知道，他挑出的这些“具有天赋的学生”，不过是他随口说说，但老师信以为真，给这些学生更多的关心、支持和引导，最终产生了不可思议的效果。

激励一个人，他就会朝着期望的方向良性发展。对于那些平凡和自卑的人来说，激励会带来巨大的精神鼓励，从而使他看到希望，最终走向成功。

所以说，要想一个人成功，就给予他长期的鼓励、信任和赞赏，催化他的人生早日结出硕果；同样的，消极的评价也可能误人子弟，毁灭希望。对待他人，我们应该多一些鼓励，成人之美。待到“桃李满天下”，收获的不仅仅是那些受鼓励的人，我们的社会也会多一份和谐与融洽。

下面是几句有关“期望效应”的名言：

——赞美不费力，却能成大事。

——说句好话轻而易举，只需要几秒钟，但它的功效却是巨大的，有的甚至能够让一个人受益终生。

——爱、称赞、感谢都应该说出来，让对方知道，如果你认为只要放在心里就好，那就大错特错了。

——每一个人都有他值得赞扬的地方。

——赞美和鼓励是引发一个人体内潜能的最佳方法。

小洞不补大洞吃苦

牙齿蛀了个小洞，如不及时去补救，小洞就会变大洞，到时就有更大的苦头吃了。

美国心理学家詹巴斗做过一个有趣的试验：他把两辆一模一样的汽车，一辆停在比较脏乱的街区，一辆停在中产阶级的社区。停在杂乱街区的那一辆的车牌摘掉，顶棚打开，结果一天之内车就被人偷走了。而摆在中产阶级社区的那辆过了一个星期也安然无恙。接着，詹巴斗用锤子把这辆车的玻璃敲了一个大洞，仅仅过了几个小时，这辆车也不见了。

这就是心理学上的“破窗效应”。这种现象很普遍，例如洁净的墙上开始有人涂鸦，如不及时清理则会引发更多人继续涂鸦的兴趣；对于乱倒垃圾的现象，如果没有得到及时的制止，也将引来更多的人把垃圾倒在这里。人的内心有好的一面也有坏的倾向，好的一面就是约束自己遵守公德，坏的一面就是放纵本性，自由散漫。换言之，人们在环境好时，愿意自动去维护好的环境。但是，环境一旦遭到破坏，这个破坏达到一定程度，就会引发人们内心自暴自弃的情绪，从而加速一个已被破坏的环境的毁灭。

20世纪80年代纽约的地铁，是一个滋生犯罪的温床。地铁不仅脏乱差，而且治安很不好，逃票、抢劫、偷盗，不一而足，让很多人出门都畏惧乘坐地铁。后来政府从地铁环境治理入手，有清洁工不断地维护着地铁的环境卫生，再加上警察的努力，地铁的面貌终于得到很大的改善。研究人员总结出一个经验：人们是不愿意在干净的地方乱扔垃圾的，而且也不愿意在干净的地方犯罪。良好的环境可以激发人们表现出本性中天使的一面。

美国有一家公司以很少炒员工鱿鱼著称。但是有一次，资深员工杰瑞在切割台上工作了一会儿，就把切割刀前的防护挡板卸下放在一旁。没有防护挡板，工作也许方便点，却埋下了安全隐患。恰恰他的行为被车间主管发现了。不料，小小的错误惹得主管勃然大怒，把他大声训斥了半天。不久，公司老板就炒了他的鱿鱼。临走时老板说："身为老员工，你应该比任何人都明白安全对于公司意味着什么。你今天少完成了零件，少实现了利润，公司尚可以换个人换个时间把它们补起来，可一旦发生事故，失去健康乃至生命，那是公司永远都补偿不起的……"

小小的错误，就让公司高层如此重视，这值得我们深思：小问题，往往会引发大问题。我们常常忽视小的隐患，总是等到问题大了，后果严重了才去重视和处理。

破窗效应启示我们要防微杜渐，把隐患消灭在萌芽状态。

脑筋要转弯

我们也许会很奇怪，为什么小学生问的脑筋急转弯趣味题目，大多数成年人却答不对？不信的话你现在就试试：

什么照片看不出照的是谁？

什么布剪不断？

小张被关在一间并没有上锁的房间里，可是他使出吃奶的力气也不能把门拉开，这是怎么回事？

为什么有家医院从不给人看病？

小王是一名优秀士兵，一天他在站岗值勤时，明明看到有敌人悄悄向他摸过来，为什么他却睁一只眼闭一只眼？

为什么大雁秋天要飞到南方去？

什么时候开口说话要付钱？

冰变成水最快的方法是什么？

一架飞机坐满了人，从万米高空落下坠毁，为什么却一个伤者也没有？

……

怎么样，你能答对几个？好吧，告诉你答案：X光片；瀑布；门需要推开而不是拉；兽医院、宠物医院或庄稼医院；在举枪瞄准呢；飞比走快；打电话；去掉两点；都死了，无伤员。

美国著名科普作家阿西莫夫从小就很聪明，据说智商达到160。一次，一位修车师傅想考考他：“有一个又聋又哑的人到五金店去买钉子，为了表示要买的东西，他伸出两个手指立在柜台上，另一手做出敲击的动作。售货员拿出锤子，聋哑人摇摇头，售货员于是明白他是要买钉子。聋哑人买完钉子，又来一位盲人想买剪刀，请问他将怎么表示?"

阿西莫夫伸出食指和中指，做出剪刀的形状，说："应该这样做。"

修车师傅听完随即大笑起来："哈哈，你错啦，他干嘛要做手势呢，开口说我要买剪刀不就行了吗?"

阿西莫夫不得不承认自己的"笨"。不过修车师傅接着说："我早料到你会答错的。因为你受到的教育太多，不可能很聪明。"

其实这跟聪明并无太大关系，而是人们固有的思维定式效应造成的。"定式效应"是人们根据固有的知识经验对事物作出的认识和判断。例如我们总认为老年人是啰嗦、守旧的；而老年人却认为年轻人没有经验，遇事冲动。定式效应有时有利于常规事情的解决，但更多时候则会影响人们科学合理地因事而异地解决问题，影响一个人的创新思维。

修车师傅说阿西莫夫因为受教育而不很聪明，其实是揭示了有时人们知识经验丰富了，思维定式效应可能表现得更突出。对待这个问题，我们的脑筋就需要急转弯，从别的方向思考对策。

清朝时，有个叫谭振兆的人，小时候家庭富裕，父亲就给他定了亲事。后来他父亲去世，家道衰落，岳父就瞧不起他，于是设计退婚。一天，岳父把谭振兆叫去，说：我这里有两个阄，一个写着"婚"，一个写着"罢"。抓着"婚"我就成全你，抓着"罢"，那就只好退婚了。

谭振兆很机警，猜到这是岳父的诡计，两个阄的内容肯定都是"罢"，抓着哪个都得退婚。于是他灵机一动，随便抓了个阄吞进肚子里。然后说：岳父，你就打开剩下的那个吧，如果是"婚"字，我就退婚。

结果岳父不得不把女儿嫁给谭振兆了。

认识了思维的定式效应的作用，在做某些事情时我们就要特别提示自己：条条道路通罗马，不能在一棵树上吊死；看待他人，不能老用旧眼光，需知“士别三日，当刮目相看”的道理。

小小骨牌可以推倒大厦

多米诺骨牌的游戏相信不少人都知道，骨牌可以用木头或者骨头制成，当第一张倒下时，将自身的重力势能转化为动能来推倒第二张，由此循环直到推倒最后一张骨牌。游戏的玩法也由最初的单路线发展到多路线，由平面发展到立体，玩法可谓变化多端。多米诺骨牌的游戏最早发源于中国宋朝，后被意大利传教士多米诺带回欧洲，成为欧洲的一款流行游戏，并以多米诺的名字命名。

多米诺骨牌的游戏似乎很简单，但是多米诺骨牌效应却是鲜为人知的。

物理学家怀特海德曾经用多米诺骨牌做实验。他设计的第一张骨牌最小，大约只有指甲盖那么大，以后每张的体积都要比前一张大1.5倍。这样，当骨牌推倒第13张时，所产生的能量竟然是第一张倒下时的20多亿倍！怀特海德没有做成第32张骨牌，因为那样子骨牌会高达415米，比纽约的帝国大厦还要高两倍。换言之，如果真的可以做出这么高的骨牌，那么一栋高楼大厦就会在瞬间轰然倒塌。而引发倒塌的力量不过是一张指甲盖大小的骨牌！

“多米诺骨牌效”应对人们的启发是：往往一个微不足道，甚至被我们忽视的力量，可以引发惊天动地的大后果。在日常生活和工作中，多米诺骨牌效应也较为普遍。这个效应告诉我们在对待微小的问题时也必须是小心翼翼，而不能粗心大意。

在中国古代，楚国的边境城市卑梁与吴国边境城邑比邻，两国的姑娘常在边境一起采桑叶，一起做游戏，和睦共处。但是有一天，吴国的姑娘在游戏时不慎踩伤了楚国姑娘的脚。受伤姑娘的家人便来责备吴国人，吴国人也不示弱，出言不逊，双方开始对骂。卑梁人一气之下杀死了吴国人，吴国人也带人杀了卑梁人。卑梁的官员听闻大怒，认为是吴国人在入侵自己，于是派兵将当地的吴国人杀光了。就这样，一报还一报，最后两个国家大打出手，兵戎相见，自然是两败俱伤了。

就仅仅是采桑做游戏发生的这么一个小小的意外，小小的受伤，结果导致两国开战的严重后果。这就是多米诺骨牌效应。

有部科幻片就叫《蝴蝶效应》，讲的是主人公回到过去阻止一些事情，回来后现实却发生了翻天覆地的变化。于是不停地实验，看怎么改变才对现实最有利。这是科学幻想了，但是实际中，蝴蝶效应确实存在的。美国气象学家爱德华·罗伦兹研究了这个效应，认为“一只蝴蝶在巴西轻拍翅膀，可以导致一个月后得克萨斯州的一场龙卷风”。这与多米诺骨牌效应非常相似。

有时候社会机制中一个小小的错误，就可能导致一场社会大灾难；有时候，人们一次小小的努力，也许就会为将来带来巨大的成功。一次小小的偷懒，也许就会影响整件事情；一个小小的坚持也许就成就了终生。对待微小的错误，我们也需要足够的小心谨慎，因为小错好改，小洞易补。微不足道的好事，或者成功，也值得我们去把握，因为它的继发效应是无穷的。

疯狂的石头

一天，禅师为了启发徒弟，从地里拣出一块大石头给徒弟要他去卖。石头很大，看起来也还漂亮。禅师说："你先到农贸市场去卖，记着不要卖掉，只是尝试去卖，多问一些人，看石头可以卖多少钱。"

徒弟来到农贸市场开始卖石头。到这里来的人不是买菜就是买衣服鞋子。人们看到有人卖石头，就围过来看。觉得石头样子不错，买回去给小孩玩，或者放在花园里摆着也可以。但是出价最高的人也只愿意给几块钱来买。

徒弟抱着石头回到禅师那里汇报了情况。禅师说："你再去黄金市场卖，看能卖多少。多问问价格，但不要卖掉。"

徒弟去了黄金市场开始卖石头。出入黄金市场的人都是有钱人啊，看到有人卖石头，觉得这石头肯定有不一般的地方，于是围着欣赏。有人问："100元，卖不卖？"徒弟摇摇头说："我不能卖。"围观者继续抬高价格，说："500元，如何？"直到后来有人开出2000元的价格。徒弟还是没有卖，高兴地抱着石头回来向禅师汇报情况，说："居然有人愿意出2000元买这块石头呢！"禅师说："你再到珠宝市场去卖，如果价格超过10万，就可以出手了。"

徒弟抱着石头来到珠宝市场。珠宝市场充斥着各种奇珍异宝，凡品自然在这里难以看到。人们看到有人卖石头，好奇地围观，接着有人开始问价，出价，随着徒弟不住地摇头，卖价一直从1万、2万涨到10万。徒弟这才高兴地把石头卖掉。

徒弟向禅师汇报后，禅师启发道：“如果你不追求更高的卖价，你就看不到更高的买价。”

这块石头或许有值钱的地方，可是在不同的地方居然卖出完全不同的价格。人们总愿意购买高价格的商品，这就是“凡勃伦效应”，是美国经济学家凡勃伦研究提出的一个经济学规律。它揭示的是人们内心倾向于购买更高价格的商品，例如购买豪华汽车以显示自己的富有；收藏艺术品，买书填充书房，以彰显自己的优雅情志。

一件普通牌子的衣服，摆在菜市场的门面卖可能就是几十元；放在超市卖，可能卖100多元；放进名牌服装专卖店，价格就标上几百，甚至上千，但是往往也卖得很好。因为在不少人的心中，便宜没好货，高档的商店出售的应该是高档的商品。衣服价格越高，说明自己越有品味和财富。凡勃伦效应也给人们另外一个重要启示：要卖出高价，还得重视商品的包装。例如月饼散装可能卖十几元一斤，但如果用精美的盒子包装起来卖，那就可以卖出数百元一盒的高价，而每个月饼的价值被抬高了数十倍。

凡勃伦效应，对于商家就是一种常用的销售策略；对于消费者来说，却可端正价值观，看破商家推销的伎俩。

烤鸭店的崛起

刘老板开了个烤鸭店，地理位置不错，可惜门可罗雀，生意冷清。一日，他送了只烤鸭给我，味道真不错，觉得卖不出去可惜了，便传授一计：让其动员全部可以动员的亲戚朋友，排起长队不断往返排队购买。当然是假买了。不几日，队伍越排越长，亲戚朋友随之都撤了下来，烤鸭品牌从此打响，每日烤制100只，竟供不应求，卖得好价。

这个计谋不知是谁发明的，但是相信已经有不少商人运用过了。道理很简单，就是利用人们的“从众心理”。从众心理本来包涵贬义，意思就是说一个人人云亦云，缺乏主见，带有盲目性。

但是在人类的早期，从众心理确是人类祖先提高生存竞争能力的好办法。因为那个时候，人类学会了群居，落单的人自然容易被猛兽吃掉，基于这样的经验教训，人类就有了从众心理。而且现代研究表明大多数人都有从众心理，除非这个人生性孤僻，疑心重，或者离群寡居。人们相信，大多数人都去做的事情，总是正确的。相反，如果意见跟大多数人不一致，就会给自己带来心理压力，这也就驱使个人向群体的意见和行为靠近。

从众心理产生从众行为，也就是我们常说的“随大流”。不同的人，从众行为也不一样。一般认为，女性从众多于男性；性格内向、自卑的人多于外向、自信的人；文化程度低的人多于文化程度高的人；年龄小的人多于年龄大的人；社会阅历浅的人多于社会阅历丰富的人。有时候，从众心理是有益的，枪打出头鸟嘛，跟着大流走，或可保全自身；但有时也会有误导，因为真理毕竟在少数人手里，社会精英，毕竟还是少数。

除了消费的从众心理，从众心理还可以表现在赌博从众、择业从众等等。

有这样一个笑话：一位采矿大亨死后到了天堂，一次参加天堂的会议，发现会场虽座无虚席却鸦雀无声。为了活跃氛围，他灵机一动，大喊道："地狱里发现金矿了！"这一喊可不得了，天堂里的人纷纷下到地狱。不久，天堂里就只剩下这位大亨一个人了。这时，大亨心里反而慌了：莫非地狱里真的发现金矿了？于是，他也随了大流，匆匆地向地狱跑去。自然的，地狱并没有任何宝贝，唯有无边苦海。

对于农民朋友来说，还有一种生产从众心理。例如一户人种植烟草发了财，第二年就会有更多的人去种植烟草，到了第三年可能全村、全县的农民都开始种植烟草了。而这时，烟草早已因为供大于求而价格大减，所卖的钱可能都不够化肥农药的支出。所以，生产需要结合市场价值规律，在人们都从众种植烟草的时候，不妨反其道而行之，去种其他作物。认清了从众心理，就可以将计就计，造福农业生产。

酝酿出的大智慧

你的大脑可能出现过这样的故障：刚刚想到的事情、点子，眨眼间就忘了。冥思苦想却久久也想不起来。其实这就是常见的健忘现象。对付这个问题，心理学家给出了一个小计谋：让眼睛看看别处的风景，脑子马上去想别的轻松事情，十几秒，或者几十秒后再回忆刚才想的事情，奇迹就很可能出现了。

现实生活中，我们难免会遇到一些难题、伤脑筋的事情，可是当我们一心一意地去思考怎么解决时，奇谋妙计却姗姗来迟。很多科学家在解决一些前沿领域的重大难题时，往往数年也未能攻破，倒是一些科学家靠突来的灵感解决了难题，功成名就。例如德国科学家威廉·伦琴在更换所使用的实验器材时偶然发现自己手骨在墙壁上留下了投影，于是发现了穿透性强的X射线；化学家凯库勒研究苯的分子结构一时陷入困境，不料梦中梦见一条蛇咬住自己的尾巴形成一个环，猛然梦醒后，终于发现了苯的六环结构。

其实这就是“酝酿效应”。人们在面对很多难题，百思不得其解时，不妨将问题放在一边，等一段时间回过头来再看，也许灵感就容易出现了。

运用此效应酝酿大智慧的人最早可能要数阿基米得了。一次国王怀疑有人在他的王冠里掺了假，但又没有办法证实，于是他将这个问题扔给了阿基米得。阿基米得为了解决这个问题成天冥思苦想，很多天过去了，他想的点子都一一失败了。灵感却在有一天洗澡的时候光临。他坐进澡盆时，看到水往外溢，同时感觉身体有一种被托起的感觉，于是恍然大悟，发现了著名的浮力定律，巧妙地解决了国王的难题。

大智慧需要酝酿，这其实有很深的心理学原理在里面。当人们在面对难题时，往往首先遭受的是难题带来的心理压力。压力一上心头，接着就是紧张、焦虑等不良情绪纠缠着清醒的头脑，分散了人们专注难题的注意力，同时也降低了大脑解决问题的能力。其次，有时候人们专注于难题，一心在想办法解决的时候，往往更多地感受到难题的难度，甚至思维就被难题本身的形式、特点给吸引住了。也就是说，大脑很可能并没有集中心思于寻找解决的办法。一旦头脑被难题本身带来的不良情绪“迷惑”住，那么解决难题的妙计就会迟到。这个时候，把注意力转向别处，或者干脆暂时放弃难题，这样，心理的压力就减轻了，不良情绪消散，头脑就恢复了正常。应付健忘的计谋也是出于这样的原理，转移注意力，为的就是不要因健忘而心急烦恼。在一个良好的精神状态下解决难题，突破的机会就很高了。

“心急吃不得热豆腐”，大智慧需要像酒一样的酝酿，酝酿不仅需要时间，更需要一颗沉着冷静的心。

值得做吗

遇到一件事，寻找一个职业，转换一个岗位，人们首先会思考值得做吗？值不值得做，看似很简单，但要作出正确的判断，需要人们的大智慧。

不值得做的事情不要去做。著名的指挥家伦纳德·伯恩斯坦，他最喜爱的其实是作曲。年轻时，他除了学习作曲，还学习指挥。伦纳德·伯恩斯坦非常热衷于作曲，并且也写出了不少非凡的乐章。正当他在作曲创作上热火朝天的时候，纽约著名的爱乐乐团发现了他的智慧与才能，热情邀请他加入乐团担任指挥。伦纳德·伯恩斯坦权衡之下接受了邀请。此后，伦纳德·伯恩斯坦显示出了他高超的指挥才能，并一度成为纽约爱乐乐团的亮点所在。但在他的内心深处，伦纳德·伯恩斯坦却没有忘记自己作曲的梦想。干了二三十年指挥后，他想回过头来专心作曲，可惜他绞尽脑汁也找不到年轻时的那些创作激情，灵感再也不能回到他的身边。最终，伦纳德·伯恩斯坦带着遗憾离开人世。

伦纳德·伯恩斯坦的故事告诉我们，不值得去做的事情就不要去做，即使做成功了，也不会产生多大的满足感、成就感。值得做的事情没有去做，人生仍旧是遗憾的。

美国著名电视新闻主持人沃尔特·克朗凯特，从小就对新闻抱有浓厚兴趣。中学时他还成为校报的记者，并有机会接受一家日报新闻编辑的指导。一次，这位日报编辑给了他一个任务，写一篇关于田径教练的通讯稿，克朗凯特自然很高兴地接受了任务。可是那一天恰逢他好友的生日，他不得不去参加。时间不够用了，他就只好草草地写了篇文章应付交差。日报编辑看了文章后很生气，把克朗凯特叫到办公室训斥了一番，然后告诉克朗凯特：请你记住，如果有什么事是你值得去做的，那就一定要优先把它做好。这句话最后成为克朗凯特人生座右铭，激励他实现自己的理想，最终克朗凯特在新闻事业上有所成就。

克朗凯特成功的例子说明，当我们去做值得做的事情时往往在其他事情上会有所牺牲，但是值得做的事情在人生中应该享有优先权。

一件事到底值不值得我们用心去做，这取决于多方面：符合我们价值观的事情，必然会激发我们很大的热情去做。是否符合个人的性格和脾气，也是一个决定性的因素。例如让一个性格外向的人当图书馆管理员，而内向的人却去做跟很多人打交道的工作，这样的安排肯定是不恰当的。值不值得，跟环境、制度等也有关。例如一些刚进单位的年轻人，往往会干一些打杂跑腿等看似琐碎的事情，但是这些事情做好了，熟悉了单位情况，锻炼了能力，培养了耐心，看似不值得做的事情就变得值得了。所以，值不值得，要遵循事物发展的规律，需要将眼光放远些。

第二章

人际心理

算命先生的秘诀

老杨去登一座高山，山上有寺庙，那也是这座山人气旺的一个重要原因。可惜老杨不迷信鬼神，只留恋山上的自然风景。却说老杨经过寺庙，发现不少算命先生摆摊算命，老杨有些生气，觉得这迷信的东西破坏了景区的和谐。于是老杨决定去假装算命，揭穿算命先生的骗局，管管闲事，戏弄一下算命先生。

看了面相也看了手相，算命先生开始说道："先生前半生过得很艰辛。"

老杨听了不由哈哈大笑："你胡说！"

因为老杨从小都过得无忧无虑，顺利考上大学，毕业后工作也挺顺心，哪来什么艰辛啊。

算命先生听了不慌不忙，镇定地笑了笑："施主且莫笑。你父母可安好啊？"

老杨收敛了笑容，沉思起来。他很小的时候父母离异，自己跟了母亲，母亲再婚后一直忙于事业，根本没有时间管他。

于是老杨简单说了一下父母的情况。

算命先生说："天下最苦，莫过于人间的离别之苦啊。你从小就失去父爱，虽然有母亲，却也离你远远的。难道你的前半生还不艰辛吗？"

算命先生一席话说得老杨不禁黯然神伤，陷入沉思。

老杨接着问："那我现在如何？"

算命先生："发了财，也当了官。"

老杨很纳闷，自己上山，为了避免树枝划破衣服，就特地换了身旧衣服。看起来并不像生活富裕的人，怎么会“露馅”呢？

这是一个真实故事，是笔者一位导师讲述的亲身经历。连这样的高级知识分子都能被地摊上的算命先生“算中”，究竟是什么道理呢？老杨旅游回来后认真分析了一下，总结了两条规律。第一，算命先生算他前半生不如意，主要因为他幼年的生活和他的父母。他这个年龄段的人，小时候生活大多比较艰苦；而他们的父母也大多因为生活压力大，很少有时间陪孩子。算命先生善于利用人的共同特点、一般规律来借题发挥。第二，算命先生如何识破他身份的呢？估计是算命先生掌握了旅游的季节性规律。一般的人只能在较长的节假日才能出来旅游，能够在淡季来旅游的人，通常就是那些衣食无忧，可以随时外出的成功人士。

其实这说的就是心理学上的“巴纳姆效应”。意思是，人们更容易认为一个模糊的，一般性的人格描述符合自己的特点。人的心理很容易受外界环境的暗示，从而出现认知偏差，就是不知不觉的或错误或片面的认识自己。算命先生的技巧就是利用笼统的一般性的语言，这用在谁的身上都很适宜。尤其是去算命的人，往往人生出现了不利的情况，心理需要安慰和振作，这样的人更容易受他人的暗示。讲一些人之常情，就是算命先生成功的诀窍。

再看一个有趣的事例：爱因斯坦小时候可不是一个听话的孩子，父母因此操了不少心。在他16岁那年，父亲给他讲了一个幽默的故事，从此他大受启发。

父亲说：昨天我和邻居杰克大叔去清扫一个大烟囱，烟囱只有踩着里面的钢筋踏梯才能上去。你杰克大叔在前面，我在后面。我们抓着扶手慢慢地爬上去，下来时，你杰克大叔还是走在前面，我还是跟在后面。钻出烟囱，我们发现了一件奇怪的事情：你杰克大叔的后背、脸上全被烟囱里的烟灰蹭黑了，而我身上竟连一点烟灰也没有。但是，我看见你杰克大叔的模样，我想我一定和他一样，脸脏得像个小丑，于是我就到附近的小河里去洗了又洗。而你杰克大叔呢，他看我干干净净的，就以为他也和我一样干干净净的，于是只是简单地洗了洗手。当我们走在街上，街上的人都笑破了肚子，还以为你杰克大叔是个疯子呢。

爱因斯坦听了，忍不住大笑起来。父亲接着严肃地说：其实别人谁也不能成为你的镜子，只有自己才是自己的镜子。拿别人做镜子，白痴或许会把自己照成天才。

巴纳姆效应启发人们，一定要认识自己，但是认清自己谈何容易。早在2000多年前，古希腊人就把“认识你自己”当做警世名言刻在阿波罗神庙里。直到今天，很多人依然没有很好地解决自我认识的问题。

像南风一样吹

有一个著名的寓言故事，说北风与南风打赌，看谁有本事脱掉人们身上的衣服。北风来自寒冷地方，从冰山上下来，所以北风寒冷刺骨。北风使劲地吹啊吹，人们裹紧衣服，不但没有减少衣服，反而增加了不少衣服。北风吹累了，停下来对南风说：“我不行了，你来吧。”南风呢，来自赤道，穿过海洋，带着明媚的阳光。南风就慢慢地吹，气温越来越高，人们觉得炎热，一件件地把衣服脱了，露出光膀子来。

这个故事告诉人们，说话办事用强硬的态度，威胁的手段往往只能适得其反。温和的语言，尊重对方的行为，反而可以轻松地达到目的。古人云，得人心者得天下，温暖人心的做法，尚且可以争得天下，那么还有什么不可以征服呢？

有一位道士在山里简易的茅草房里修炼。一天晚上，他看到一个黑影溜进自己的茅草房，知道是个小偷来了。小偷翻腾一阵，什么也没找到。出来时迎面撞着道士，大吃一惊。道士慢慢地说："感谢你大老远地跑来看我啊。"于是脱下自己的外衣披在小偷身上。小偷惊魂未定地走了，道士怕天黑路险，又在身后说："但愿能送你一轮明月。"第二天，道士起床，发现自己送给小偷的外衣整齐地叠放在门口。道士感叹地说："总算送了一轮明月给他。"试想，如果道士遇到小偷，大声呵斥，小偷见事情败露，说不定就会杀人灭口呢！道士却没有这样做，而是用自己的宽宏大量感化了小偷，终于使小偷阴暗的心里升起了一轮指路的明月。不仅保护了自己，也感化小偷改邪归正。

南风效应不仅可以巧妙地用于人与人之间的关系，帮助和教化他人，更可以在当今的企业管理、生产经营中发挥巨大的作用。

如果公司很重视员工的利益，设身处地地为员工着想，努力解决他们生活、事业的后顾之忧，与员工同呼吸，共命运，员工们也会竭力为公司服务。二战前，世界经济经历了一次大萧条，很多企业纷纷裁员减产。某电器公司当时也已经积压了大量的产品，同样面临裁员的艰难决策。但是公司高层并没有这样做，没有裁员一人，而是改革管理，实行半天工作制，剩下的时间则鼓励员工出去推销积压的产品。人性化的做法，深得人心，公司积压的大量产品，不到三个月，全部销售一空，顺利渡过难关。在当时的经济环境下，该公司能取得这样的业绩，可谓是个奇迹。

种恶得恶 种善得善

某部门新进两名人才，学历都很高，工作经验也丰富。两人虽在同一部门，却很少来往，点头之交而已。但是，在其他同事看来，她们两人的关系却不是这样。因为这个部门缺一个副主任的位置，不少人认为她们势必会为这个位置而暗暗较劲。其实，两个人之间并没有什么，只是互不了解，也缺乏在一起交流的机会罢了。但是同事的闲言碎语无疑影响到了两人，于是两人开始互相猜忌，互相提防，见面也不打招呼了。本是其他同事无聊的闲言碎语，却引得两人开始明争暗斗起来。这是种恶得恶的效果。

单位某老领导听说此事，恰恰他又与两人常有业务往来。老领导见多识广，计划化解她们的矛盾，因为她们的工作越来越需要互相配合与协调，而非恶性竞争。老领导见了甲，就说："听说你的英语说得很好啊，能跟外宾对答如流，真不错。"甲惊讶："您怎么知道的？"老领导："哦，好像是乙说的，她总是很羡慕你聪明能干啊！"

等乙来时，老领导说："听说你很精通美容化妆，啥时候教教我的女儿？"乙惊讶问："谁说的？"老领导想了想说："是甲，她说你很会打扮，人长得漂亮，而且很有知识女性的气质。"

再次见面，甲、乙不约而同地向对方微笑着招呼。从此两人开始来往，成为好友。这是领导在她们中间种善得善的结果。

人生在世，难免会有矛盾和仇恨，对待仇恨，我们应该怎么办呢？一般人总是采取以牙还牙的方法去报复，这有效吗？

古希腊神话故事里，有一位大力士叫海格力斯。一天，他走在崎岖的山道上，发现路边有一个鼓起的小袋子，很是碍眼，海格力斯于是抬腿踩了袋子一脚，不料袋子反而膨胀起来。这激怒了海格力斯，他不停地猛踩，还用棍棒敲打袋子。而袋子却越来越大，最后把道路给封住了。海格力斯无可奈何，不知如何是好。这时，一位智者出现在他面前，说："快别打了！离它远点吧。这个袋子叫仇恨袋，你不去惹它，它就会小如当初；你如打它，它就会不断地膨胀起来与你对抗到底。"

这就是"海格力斯效应"，冤冤相报，只会使矛盾和仇恨越来越深。正如仇恨袋子，开始体积很小，问题不大，但是如果你去激惹它，它就会跟你对抗起来，矛盾越来越深。人与人之间的关系也是这样的，不好的事情，破坏友谊和团结的事情，越在意，破坏越深，陷入恶性循环。而矛盾的双方一般是两败俱伤，不会有人真正从中获益。所以，面对这样的困扰，我们应该学会宽容，学会放弃。懂得化干戈为玉帛者，才是具有大智慧的人，才是真正的胜利者。

当然，矛盾和仇恨难以从记忆消除，但是我们可以在矛盾中种植友谊和善意。作为当事人，可以自己种，需要做到"不信谣，不传谣，不造谣"；作为旁观者，有义务积极在别人的矛盾中力所能及地种植友谊，促进社会和谐。因此，我们可以用新的美好记忆、友好关系去替代不好的记忆，替换错误的矛盾关系。

善意的谎言

高考前夕，新上任的班主任遇到一个难题：班上成绩最好的两个学生不约而同地来找他，说："老师，我们很紧张，失眠了。"

班主任一听，内心既吃惊又焦虑，因为他从来没有遇到过这类问题。愣了下，他忽然灵机一动，拿出一瓶药，表情轻松地告诉学生："我还以为是啥大不了的事，来，我给你们一颗帮助睡眠的药，这是美国进口的，无任何副作用，保准你们吃了就睡着。"

随后他分给学生一人一颗药。两名学生信以为真，吃了药高高兴兴地去睡了，没再失眠。高考结束后，学生很感激老师，也很好奇，就问班主任："您给我们吃的什么药啊？效果真好。"

班主任笑道："哈哈，其实就是维生素C！我那天感冒，医生给开的。"

这个故事其实讲的是"安慰剂效应"。"安慰剂效应"也称"假药效应"，主要通过假药的欺骗，产生心理暗示作用，从而发挥治疗效果。"安慰剂效应"不仅在心理问题上有效，在临床辅助治疗很多躯体疾病时也可显示神奇疗效。

曾经有一位医生多次到偏远的乡村参加义诊，每次他都会遇到一位症状表现为头痛的农民，医生给农民作了检查，发现他一切正常。于是按照一般治疗规范，医生拿了些治头痛的药给他。可是当医生再次去义诊时，那位农民又来找他，说吃了药根本不管用，头还是痛。如此再三，医生没有办法，就只好试一试安慰剂了。于是他对农民患者说："我以前给你开的药只是常规药，效果确实不好。所以这次我特地给你带了瓶新药，去年才发明的，效果特别好，你吃一颗，很快就好了。"

农民患者信以为真，吃了"新药"，半小时不到头就不痛了，以后也没再发作。

现代研究表明，安慰剂能使至少1/3的患者病症得到明显改善。安慰剂已被证明对很多病症有效，包括长期性病痛、高血压、心绞痛、抑郁、精神分裂症、甚至癌症等等。而且作为安慰剂的药片也不仅仅是廉价的维生素C，为了更好地"欺骗"患者，现在的安慰剂被制成各种形状和颜色的药片，足可以假乱真。而且，使用安慰剂的医生"戏"演得越逼真，患者越信任，那么安慰剂发挥的效果就越强大。甚至要比真的治疗药物发挥的作用更强大。

安慰剂不一定要以真实的药物形状出现，一些心理上的语言安慰，同样可以起到安抚心灵的作用。有时候为了帮助他人，我们需要一些善意的谎言。

有趣的拆屋效应

鲁迅先生在《无声的中国》一文描写了一个现象：几个人在一个屋子里面，一个人嫌房间光线太暗，要求开一个窗，其他人却不同意。这个人再提出要将屋顶掀掉，于是其他人就采取折中的办法，允许他开一个窗。后来人们把这种现象称之为“拆屋效应”。

乍一看，拆屋效应还很模糊，不知可以做何用。那么就举一个借钱的技巧吧。

张三、李四两人打赌，看谁先从王五那里借到100元钱。张三先去找王五，开口就说：“借我100块吧，我有急用。”王五拒绝了，说：“我刚刚买完东西，没有了。”李四再去找王五，“王五，借我1000块钱吧，我明天就还你。”王五睁大眼睛：“1000？你当我是什么人啊！”李四又说：“那你借我500？”王五摇摇头。李四再说：“那你借我100总可以吧。”王五不好再推脱就同意借给李四100元。

当你去借钱的时候，先说一个比实际需要大许多的数字，对方肯定不乐意借这么多钱给你，于是找各种借口拒绝你。但是，注意了，人就有这么一个心理，在拒绝他人，不能提供帮助的时候，他的内心会产生内疚感。当你第二次说出一个很小的借钱数额时，对方为了弥补第一次拒绝产生的内疚感，就会很乐意地把钱借给你。但是如果一开始就说出这个实际需要的数字，就容易被人拒绝。

这就是拆屋效应的实际运用。

谈判时，拆屋效应也是一招妙棋。你先给对方一个看似很不合理的要求，故意让对方拒绝你。但是，对方是不愿意一味拒绝你的要求的，因为这样会使他承担拒绝的心理压力。当你随后提出预期的要求，对方就比较容易接受。因为这有利于提高其心理的舒适程度。

美国社会心理学家弗里德曼等曾经做过一个有趣的实验。他们要在两个小区树立一块“小心驾车”的大牌子。在第一个小区，实验者向小区的居民直接提出这样的要求，结果仅有不到20%的人赞同，计划受阻。在第二个小区，实验者则没有直接提出这一要求，而是先做了一些关于交通安全的知识宣传，并且请小区的人们在一份赞同安全驾车的书上签名，自然几乎人人都签字赞同了。过了一段时间，实验者才说出真正的意图，要求小区的居民允许他们在小区树立一块“安全驾车”的大牌子。结果超过一半的居民都投了赞成票。

老师在对待学习成绩落后、表现不佳的学生时，也可以使用拆屋效应的技巧。如果老师一次性提出过多、过高的要求，学生只能望而却步。但如果老师先发现学生身上的一些优点或优势，加以鼓励，再逐步地提出其他的要求，学生就会更乐意接受。

这是拆屋效应的反运用。当我们要求别人办一件大事时，可以试着先让其办一些类似的，简单的事情，进而提出更大的要求，就容易达到我们希望的效果。

情绪病毒

在一些总裁、经理管理培训班上，资深的教授常让学员做一种叫做“情绪病毒”的游戏：在学员都闭上眼睛后，老师会走几圈然后悄悄选定一个人作为“病毒携带者”，当大家睁开眼睛后，开始互相交往，凡是对方朝自己不停眨眼睛者即为“病原”，但同时自己也被传染了。不大一会儿，全部学员就染上了“眨眼睛”的病症。

这个游戏的主要目的是让学员在感觉轻松愉快的同时深刻

理解情绪控制的重要性。事实上，在当今社会人们很容易受不良情绪的感染，学会控制自己的情绪对构建和谐社会来说就显得非常必要。

心理学家研究了数种情绪的“传染”力度，包括喜悦、怀疑、愤怒、悲伤等，结果表明：负面的情绪比积极的情绪更具有传染力和破坏性！而且，如果“情绪病毒”携带者是企业单位的领导，那么其传染力将成倍增加。所以对于企业家来说，控制情绪的能力在很大程度上会影响成功的速度。

一幅很有意思的漫画解释了情绪病毒对社会可能造成的破坏：漫画中，小王被领导骂了，回家后跟妻子吵了一架；儿子回来后，怒火正烧的妻子就给了儿子几巴掌，儿子转身就把家门前的狗踢了出气；被踢的狗发疯似的跑了，路上正好遇到小王的领导，于是就把领导狠狠地咬了一口……漫画只有四幅，但很好地表现了情绪病毒造成的恶性循环。

负面情绪为什么要比积极的情绪更有“杀伤力”呢？原因很简单：负面的情绪很容易使人产生消极、过激的行为，而这类行为往往会对他人造成伤害。积极的情绪，例如一个活泼的同事，总是把微笑挂在脸上，看到笑脸的人往往也报以微笑。但这种微笑只是表面的，没有具体可以高兴的事情支撑。负面的情绪就不同了，它往往来源于不顺心的具体事情，在对他人造成伤害后，将陆续导致一些不愉快的事情出现。所以负面的情绪传染力更大，就像流行感冒病毒一样能够肆意传播。

那么该怎么阻击情绪病毒的传播呢？

首先，作为不良情绪的携带者，要学会控制自己的情绪，懂得科学合理地解决现实问题与调节心理。尤其是一个群体（通常是一个单位或团队）举足轻重的人物要特别有情绪控制的意识。因为团体中重要的人如领导产生不良情绪，就很容易一级一级地传染给下属，从而破坏整个企业的内部和谐。预防要领就是：要知道情绪病毒这个概念及其传播特征，知道了就不容易犯错。

其次，巧妙地用合理的人员搭配来构建和谐的企业内部氛围。有言道：男女搭配，干活不累，就是其中的一个例子。人员的合理搭配最重要的法则是：在招聘人才时要注意引进部分性格特别外向活泼者。他们的作用在于活跃企业内部气氛，融洽员工之间、干群之间的关系，并能够有效狙击情绪病毒的传播。

第三，要用理智面对情绪病毒。古人云：谣言止于智者，就是这个道理。面对他人的不良情绪，我们应该分析不良情绪产生的原因，理智分析并寻求及时有效的解决方法，不将问题留到明天解决，不带到其他场合中去。其要点是：要就事论事，尽快解决问题。因为当人染上情绪病毒时，往往就容易失去理智，出现错误的想法和应对行为。此时，若冷静下来，理智思考一下，问题往往就豁然开朗了，情绪病毒也就失去活性了。

第四，用道德控制自己。情绪病毒就像垃圾一样，不能随便扔在公共场所，因为那样做虽方便了自己却给他人带来不便。遇到不良情绪后，可以自己先调节一下，例如：运动、交谈、听音乐等。使用符合公共道德要求的方式应对情绪病毒，是一个心理健康的人、成熟的人所应该具备的素质。

以上方法，多用用，时间一长就能形成正确应对情绪病毒的良好习惯。

说出来就好

科学家做过一个实验，让参加实验者观看一些可以引起惊慌、恐怖的画面，同时扫描大脑。结果，说出心里感受的人，大脑负责处理这些情绪的杏仁核反应较小，而没有说出来的人杏仁核很活跃。这说明，将负面的情绪说出来会降低对自己的损害，否则大脑继续深刻地体会不良的情绪，会带给人更消极的情绪。

很多话憋在心里容易形成心病。说出来就好，结果会让你感觉轻松舒畅，但是并不是鼓励大家毫无保留地把所有的心里话说出来。你心里的秘密、隐私、委屈……这些很隐私的东西怎么可以随随便便地说出来呢？一旦被不该听到的人听到，小则破坏友谊，大则灾祸临头。

所以，憋在心里的话，说出来，很好。但是要说，得讲方法，得慎重。

常看西方电影的人会发现这样的现象：一个人有了错，做了不该做的事情，甚至犯下滔天大罪，心理压力很大。因为西方人信上帝，希望死后入天堂，所以这些心中有了罪孽的人要使自己心里舒服点，就会跑到教堂里去，隔着一帘黑布，向神父忏悔，讲述自己的过错。神父不会告诉警察，而警察也不会安装窃听器守株待兔地收集犯罪分子的“坦白”。

这是西方人的自我心理疏导的方式，对于我们中国人，其实也有类似的行为。有些话不便对别人说，那就对神说吧，于是不少人跑到各大庙宇烧高香，对着各路神仙跪拜忏悔，希望得到神灵保佑。或者就找算命的。算命的往好处说，求得心安；算命的往坏处说，就求个符咒什么的也好。

当然，现代的西方人还多了一种心理调节的途径，那就是去找心理医生咨询。其实心理咨询师所起的很大一部分作用就是倾听，鼓励你说出来，心里就好受些。只有对患有严重心理疾病的人医生才使用专业疗法和药物治疗。

在中国，人们有了心理困惑，还不是很习惯去求助于心理咨询师，我们的心理咨询行业也还不如西方发达。但是对于越来越现代化的中国人来说，我们也可以到虚拟的网络去倾诉。在QQ上用虚假的网名向不相识的网友倾诉；或者到开设有咨询服务的心理健康网站匿名去咨询专业心理医生。

还有一种方式，也可以“说出来”，那就是看与自己“同病相怜”的人说出心事，有人帮你说出来，又能产生共鸣，也会使人感觉释怀不少。所以就有一种群体治疗，问题相似的人坐在一起互相倾诉心里感受，反正“同是天涯沦落人”，说话就没必要遮遮掩掩了。

大脑是人类心理活动的主要功能器官，那些烦人的话说出来心里就舒坦了。这是大脑本身的生理功能在帮助我们维护心理的健康。

西施脸上的痣

一颗痣有可能长在任何人的脸上，但是待遇却很不一样。长在西施的脸上，那叫美人痣，不但不会影响西施的美丽，相反还可以让人觉得西施因为那颗痣更美了。但是如果这颗痣长在了东施的脸上，那简直让人无法想象了，那只能使东施更丑而已。“痣”有个病字旁，在医学的眼里，那就是一个良性肿瘤，说不定哪天就可能突变成恶性肿瘤呢。然而长在美人脸上，反而具有某种美学的价值。

这是什么道理呢？很简单，按西方心理学说就是“光环效应”——原本是月亮周围的光环，却让人们觉得月亮变大了。按中国人的习惯，也就是我们常说的“爱屋及乌”。爱一个人的屋子，连房屋上停留的不祥鸟——乌鸦也喜欢得不得了。

这种现象在现实生活中无处不在。例如追星族，各种各样的“粉丝”。个别明星暴力打人，吸毒，大搞绯闻，一些粉丝则黑白不分，说：“人家长得帅，打个人，有点绯闻很正常。”不分是非地极力维护心中偶像的“形象”，而自己的言行也不知不觉以这些明星为“榜样”起来。

爱屋及乌的心理现象有不少的弊端，一好百好，它可以掩盖一个人致命的缺点，让人一叶障目，不见泰山，从而进入认识的误区，甚至上当受骗。一次，小偷偷了一位女孩的钱包，被周围的人看见，有人悄悄地告诉女孩：是坐在你旁边的小伙子偷了你的钱包。女孩打量了一下小伙子，戴着眼镜，穿得干净，一派斯文的样子。女孩不信，说：“怎么可能，你看人家长得那么斯文。”

美国心理学家凯利在两个班的大学生中做了这样一个试验：上课之前，他告诉学生，临时请了一位研究生代课。接着讲了一下这位研究生的一些个人情况。只是在向其中一个班介绍时说这位研究生具有热情、勤奋、务实、果断等品质，而在另一班介绍时则将“热情”换成了“冷漠”之类的字眼。同样的一位研究生讲课，学生的反应大不一样：前一班的学生与他一见如故，热情交谈；另一个班的学生却对他敬而远之。

光环效应有好有坏，其产生的原因跟我们大脑追求直觉认识的整体性有关。举例说，你闭上眼睛，闻到苹果的香味，你的头脑中就会呈现一个完整而新鲜的苹果。那是我们的经验，弥补了苹果的其他特征。同样的，当我们被告知某个陌生人态度热情时，我们可能将年青、帅气、知识渊博加在他身上，以使我们产生一个整体的认识。

避免爱屋及乌的不利影响，一是我们要谨慎对待“第一印象”，避免“以貌取人”；二要深刻认识事物的本质，随着时间的推移，需要不断地去证实我们已有的那些认识，最终，达到客观公正地看待事物与人。

自我解嘲化解危机

人生在世，难免会遇到无数尴尬。这些尴尬或由于疏忽说错话，因失误做错事，或者由于自身的某些缺陷导致，如不处理好，将给他人留下难以抹去的不良印象。遇到这样的尴尬，有时候无论如何解释、争辩或是推脱，都可能适得其反，都不如自我解嘲来得迅速有效与“绿色环保”。

英国作家杰斯塔东是个大胖子，由于肥胖的原因，导致他行动笨拙，影响了他作家的形象。一次，一个重要的聚会，他看出一些慕名前来的读者对他的体形似乎有些微词，于是他对朋友大声说：“我是个比别人亲切三倍的男人。每当我在公共汽车上让座时，便足以解决三位女士的座位问题。”此言一出，满座皆笑，聚会现场顿时活跃起来。

有一位男士，乌发早脱，看上去要比同龄人老很多。每当有人猜错他的年龄时，他都是宽容一笑："没有什么，你又不是第一个。不是有人说过热闹的马路不长草，聪明的脑袋不长毛!"这种自嘲不仅挽回了自己的面子，也宽恕了别人的错误。

在一所大学的一个班级上，有一个其貌不扬的女生，她有些自卑，主动与之交往的同学也就少多了。在一次班里的文娱活动中，同学们提议选"班花"，每个人都走上讲台投一票。轮到这位女生时，她浅浅一笑说："请大家投我一票吧"。同学们一听，顿时安静了下来。她接着说："如果大家选我为班花，那么会有一个好处，就是你们在别人面前可以自豪地说：'我的女朋友比我们班的班花还漂亮！'谢谢！"言毕，现场响起了掌声，于是同学们纷纷把票投给她。而她也赢得了同学们的尊重。

自我解嘲是一种高超的交际技巧与处理尴尬的艺术。首先，可以表明你自己能够认识到自己的不足，给人以"有自知之明"的好感，就能获得同情、理解和接纳，给自己的交际行为加分。自我解嘲是一种防守艺术，自己打自己，再重，也不怎么疼，但如果等到别人来打你，再轻，也会痛，因为丢了面子，痛入心头。自我解嘲也是一种自信的表现，轻松应对，说明这事没什么大不了，暗示他人：没必要小题大做，少见多怪。自我解嘲往往能够制造出特别的幽默氛围，使现场气氛变得轻松愉快，给人以智慧和幽默的享受，同时也就获得了他人的好感。

变化的心灵秤砣

大家可能有这样的生活经验，一些收废品的人用的秤，秤砣可能比标准的重些，这样称出来的重量会比实际的轻；去菜市场买菜，有些摊位的秤的秤砣可能会比标准的轻些，为的是称出来的重量比实际的重。秤使用的秤砣，当然是有统一标准的，可是一些没有诚信的商人却在秤砣的重量上动手脚。

俗话说"人人心中有杆秤"，人的心里也是有一个秤砣的，而且不仅不同的人用的秤砣不一，同一个人在看待不同事物时秤砣也在"随心所欲"地变化。先看科学家做的一个关于冷热感觉的实验：请你准备三杯水，一杯温水，一杯热水，一杯冷水。先将你的手指伸入冷水中，再伸进温水里，能感觉到温水的温暖吗？再来一次，先将手指伸入热水中，再试试温水的温度，是不是觉得温水凉呢？

其实温水的温度是一样的，可是人的感觉却不一样。于是人们将这种热水冷水效应引入到心理学，来解释一些奇特的心理现象。现实生活中，我们可以巧妙地利用冷水热水效应来改变他人心中的"秤砣"，利于他人接受，使事情能妥善解决。

例如在演讲，或者出席一些聚会做临时发言的时候，我们可以这样说："我这个人啊没有什么文学细胞，粗人一个，口才很一般，如有说得不对的地方请大家谅解。"此话一说，就避免了别人对你抱有太高的期望，对你的要求也就降低了不少。如果你出现一些失误，听众也就不会大惊小怪了。由于"心灵秤砣”已经变化，对你演讲的评价，给你打的评分也就会高一些。相反，一个很被看好的、夺冠有望的体育明星，可能会因为一丁点的失误而被观众们大加责骂。所以，我们平时说话办事，不要轻易地给别人打包票，最好留有余地，以利自己回旋。

在电脑城搞销售的小莫很会推销，每月总能卖出60多台电脑，深受业务经理的好评。但是当金融风暴袭来，各行各业都面临着萧条，电脑销售量势必受到严重影响。平时都是销售明星，如果下一个月销量大减，尽管可以借金融风暴推脱，但经理的那种失落情绪势必会发泄到她身上。于是小莫提前去找经理说：“金融危机来了，我看很多电子产品销量都在大幅减少。我估计下个月只能卖出20台电脑了。”经理点点头说：“没事，你努力就行了。”这算是提前给经理打了“预防针”。第二个月结束，小莫卖出了30台电脑，超过预期。经理看了，更是连连称赞。先把困难估计得大一些，让人做好接受失败的心理准备，而现实结果往往要比最坏的情况好些，这样就巧妙地改变了人们心理的期待程度，秤砣就能秤出皆大欢喜的结局。

在鼓励和表扬他人的时候，我们也不妨先泼泼冷水，再给予鼓励，对方势必会感到更大的温暖。否则，一味地表扬鼓励，反而给人故意为之的印象，鼓励效果也就大打折扣了。

每个人身上都有刺

狐狸很聪明，一直想尝尝刺猬的滋味，可是无论狐狸怎么提高速度去突然袭击，都没有成功。刺猬很轻松地缩成一团，把身上的刺伸向四面八方，把自己保护在刺的核心位置。

科学家对刺猬做过一个趣味实验：把一群刺猬放在寒冷的环境中，刺猬们为了抵御寒冷，于是相互靠近取暖。可是一靠近，互相都觉得对方身上的长刺让自己不舒服，于是又散开。散开又冷，于是又聚集起来，可是彼此身上的刺还是让大家不舒服，于是又再次分开。如此多次，刺猬们“分久必合，合久必分”，最终它们找到一个适中的位置稳定下来。

这就是“刺猬效应”或者称为“刺猬法则”。通俗地说就是启示人们要保持一定的心灵的距离，“距离是一种美”。

领导跟下属相处，最宜使用刺猬效应，就是跟下属保持一定的距离，在一定程度上就能避免一些下属的阿谀奉承，行贿等；避免与下属称兄道弟的来往。这样在自己做决策时就不容易受个人利益、私人关系的左右。遵循刺猬法则的领导，也会给下属办事公正的好印象，有助于上下级之间和谐相处。

法国总统戴高乐就是刺猬法则的典型推崇者。任何一个下属新上任，他都会告诫他：你的岗位是暂时的，一两年就会变动。他用这样的方法跟下属保持距离，这样他就能听到不同下属的新鲜见解和看法，同时也避免下属跟自己套近乎，靠跟他的关系谋求私利。

通用电气公司的前总裁斯通在管理中也常践行刺猬法则。在工作上，他很关心下属的成长进步，但是却从不请下属到家里做客，也不接受下属类似的邀请。保持与下属这样的距离，他认为是管理应该追求的一种最佳状态。正是他积极运用了刺猬法则，公司才得以成功。

刺猬法则除了领导运用于管理上，对于普通人来说，在日常的人际交往中也是很实用的。

一是与人保持距离，可以维持互相尊重的状态。君子之交淡如水，就是说朋友关系中不要有太多密切、亲密的和利益攸关的东西在里面。如此，相敬如宾，说话办事就能严肃认真进行。反之，两个人希望深入了解和交往，就难免会暴露自己一些让对方反感的缺点。有时候，一旦你的“底细”被人看穿，你的交际价值也就不复存在。

一些军人的妻子往往因为聚少离多而羡慕那些朝夕相处的夫妻，但是朝夕相处的夫妻可能早就对爱情感觉平淡了，甚至出现“五年之痒”、“七年之痛”的现象。虽然聚少，可是思恋也是一种美丽，会使聚的味道更甘醇。

二是利用刺猬效应维持“近”的距离。俗话说“分久必合，合久必分”，每个人都有自己的个性之刺让别人接受不了，而这根刺的运用则可以调节人与人的距离。例如一个老好人，总是一味地点头，违心地称好，就像一个磨圆的石头，虽然容易使刚接触的人感到舒服，但是时间一长也就给人留下这样的负面印象：没个性，没脾气，没主见，人云亦云，马屁精，伪善，装傻，笑里藏刀等等。在心理学里还有一个效应叫“改宗效应”，是说人们在自己认为重要的问题上，往往很重视意见不一致的那个人，并设法去说服他。一个有性格，有脾气，敢说敢做的人更容易让其他人佩服和接受，而“好好先生”则会给人一种没能力，没主见的负面印象。所以，在交际中，不要磨光自己的棱角，人们也需要听不同意见，而不同意见往往给人说真话的感觉。忠言逆耳，却比谎言被识破好得多。

我们每个人都有“刺”，或长或短，或多或少，但千万别拔掉。这是一种处事的技巧，做人的法则，也是一种调节用的工具，可以大大帮助我们扩展事情回旋余地，以便左右逢源。

一碗水端平

在一碗水里面，如果你制造了一个波纹，你就会看到更多的波纹在扩散。要把一碗水端平，不仅仅要靠手腕的实力，更需要靠智慧去解决。例如可以给这碗水加一个密封的盖子，或者干脆把水冻成冰块，如此即使手在抖动，水也不会洒出来。

领导对待下属的错误，老师对待顽皮的学生，家长对待子女，如果处理不好就会一波未平，一波又起，这就是“波纹效应”。

在一个班级里面，总是少不了顽皮捣蛋的学生，这些学生往往不守纪律，成绩落后，平素喜欢戏弄同学，甚至打架。而一些老师面对这些成绩不佳，表现不良的学生常常觉得头疼，一旦发现他们的“不轨”行为则大加斥责，甚至个别老师使用粗俗的语言责骂。这样的结果往往不但不能制止学生的破坏行为，反而会激起更多的事端来。而其他同学看到老师的教育手段就这两下子，也就跟着来搞破坏。这样，老师的教育就陷入波纹效应的漩涡中。

仔细分析老师这样做失败的地方：一是老师在大声斥责学生时，首先就损毁了自己在学生心目中的良好形象。因为学生心目中的老师，应该是知识丰富，谈吐优雅的。其次，老师的这些过激行为，往往很难在优生身上发生，学生会认为一旦老师对你抱着这样的态度，那也就暗示：你是朽木不可雕也。既然如此没有希望，干脆就自暴自弃，继续“坏”下去。学生会带着一种反抗、示威的心态来跟老师对着干。老师越是愤怒，学生越是幸灾乐祸。第三，品行优秀的学生看到老师如此对待表现不好的同学，往往并不能感到老师对自己的偏爱，反而对老师也产生失望和一些负面的看法。如此，一个老师就真的在自己不经意间破坏了在学生心目中的形象。负面影响不仅波及表现不好的学生，也继续波及表现好的学生。

那么怎么解决波纹效应产生的不利影响呢？一是要给对方以希望的空间，老师的宽容和期望往往可以安定学生那颗过分活跃的心。既然波浪已经产生，则不要过多追求产生的原始点，而应在波浪传播方向的另一头采取“挡”的措施。例如调动与调皮学生相关的人，如家长等。通过家访与家长交流，和家长一起挡住波浪的扩散。二是巧妙覆盖波浪。例如用一些积极的表扬、鼓励盖住传播的波纹。制造一种与先前紧张气氛不同的友好、融洽气氛来替代、覆盖，起到转移注意力的作用。最后就是不理不睬，让时间平息波浪。一个巴掌拍不响，老师突然“冷对待”反而让调皮的学生觉得没趣，从而反思自己的行为。

当心染上“电脑脸”

晓雨是某广告公司的一名职员，因为工作性质，她每天都得跟电脑长时间打交道，结果晓雨的生活越来越离不开网络：除了完成必要的设计工作，她还经常上网看新闻、电影，QQ聊天……跟同事的正常交往越来越少，更让晓雨意想不到的是，自己的表情仿佛也跟电脑屏幕一样，当她与他人交谈的时候，不能自然地流露表情。例如在谈到搞笑的事情时，晓雨虽然心里觉得好笑，可是脸上却依旧僵着，笑不出来。不仅如此，在晓雨该表现出悲哀同情时，也表现不出来，让人觉得她老是表情麻木，心如石头，是个冷血动物。

当今社会，对电脑成瘾的例子较多。一旦上瘾，其中的一个事关“面子”的危害就是容易出现“电脑脸”。虽然电脑内容很丰富，可是屏幕总是“板着一张脸”。

电脑脸不能算是疾病，而是暂时的表情障碍。主要是因为人们长期过度使用电脑，而呆板的电脑无法与人进行表情交流，结果导致使用者的社交不足，面部表情“用进废退”。这已不是个别现象，随着我国网络的普及，网民数量逐年增长，这其中自然有部分人因为长期过度使用电脑，结果对电脑产生了依赖心理，就是我们常说的“网络成瘾”。网络成瘾对不同的人造成的危害也是不同的。就晓雨的情况而言，主要是影响了她的面部表情，进而累及正常人际交往。要改变目前的情况，并不难，建议从以下途径入手：

一是照镜子。照镜子的好处在于可及时发现自己面部表情的异常；照镜子有时也能激发自己的自恋情结，即发现自己面部优秀的地方，或特别的表情，自我欣赏，并提醒自己注意表情的使用。当然，照镜子不能太频繁，尤其是男士，尽量避免在公共场合照镜子。

二是做一套表情操。在面对电脑工作完毕后，对着镜子做一套喜、怒、忧、思、悲、恐、惊等表情，每一个表情都要尽量做得逼真，并根据镜子的反馈进行表情调整。一套表情操下来，脸上肌肉得以锻炼，得到激活，就容易自然流露各种表情了。

三是看看西方电影。因为西方人，尤其是美国人，脸上的表情不仅丰富，而且在我们看来还比较夸张。看看这样的电影，不仅可以学习到一些不错的表情，也可以极大地激发自己用表情“说话”的兴趣与习惯。

四是把自己从电脑旁解放出来。就是不要过度依赖电脑，一方面严格自律，自我限制使用电脑的时间，加强与同事的各种交往；另一方面，丰富自己的生活、爱好，试着用其他兴趣爱好及生活方式取代部分电脑生活时间。只要你在使用电脑、生活、交际上所花的时间能够达到一种合理的平衡，就不用怕电脑带来的负面影响了。

预防“电脑脸”，切记不要把自己变成表情木讷的冷血人！

还要讲多久

一次，一位校长给全校学生讲话，听到台下的学生老是在说话，闹哄哄的一片。继续讲了一会儿，校长不耐烦了，提高嗓门吼道：“还要讲多久？”其实他要质问的是：你们还要讲多久？情急之下省略了称呼。此话一出，全场立刻安静了数秒钟，紧接着就是哄堂大笑。校长愣了一下，这才明白过来，原来学生早已不耐烦他冗长的讲话了。“还要讲多久”，正好说出了学生的心里话，自己扇了自己一耳光。于是校长当机立断：“我，我马上就讲完——解散！”

是不是校长口才不佳，讲得不好呢？不是。一次，美国大作家马克·吐温参加一个教堂的捐款。牧师开始做演讲动员，牧师讲得很好，很感动，马克·吐温打算捐款。可是牧师继续讲下去，马克·吐温就不耐烦了，于是改变主意只拿出些零钱来捐。

牧师仍旧喋喋不休地讲，虽然很有感染力，可是马克·吐温再也耐不住了。到最后轮到捐款的时候，马克·吐温不仅一分钱没捐，还乘机从中惩罚性地“偷”了两块钱走。

其实，这就是心理学上的“超限效应”，说明任何刺激一旦太多，太强，或持续时间太长，就会引发人心里的抗拒，出现逆反心理。这在生活中应该是非常普遍的现象，但是人们却容易忽略这个效应的影响。例如家长对孩子，老是提出相同的要求、命令，说多了，孩子听厌烦了，产生叛逆的情绪：我就不这样，看你能怎么着？老师对待表现不佳的学生，常常采取批评的方式，很多时候起不到作用，学生会对频繁的批评习以为常，自甘“堕落”。所以，一味地批评不如换种思维，主动去发现学生的优点，以此为突破口给予鼓励，让学生看到老师对他还抱有希望，他就会设法进步。老师再去适当地批评，学生也容易接受。

这就是为什么写文章要尽量在开头表现出亮点，一旦编辑一分钟内没有发现这个亮点，文章也就可能落选。演讲比赛也是这样，千万不要把精彩的部分放在最后，当做“压轴戏”，需要在演讲开始就抓住听众的兴趣，并且要赶在听众厌烦之前结束。

有一个员工，不慎出现工作失误，被顾客投诉。某领导及时处理了这件事，希望其他人引以为鉴。但是该领导并没有完，此后还在多个会议，公开场合提及该员工的过失，以警示他人。结果该员工受不了领导无休止的批评，“揭伤疤”，毅然提交辞呈。此时，该领导才有所悔悟。原本是想帮助、教育员工，却没想反而伤了员工的自尊。其他员工知道了这件事，也会给领导的行为扣分。

批评不仅要适可而止，有时还需要用幽默的话在愉快的氛围中去批评。一个小小的错误，如果被人如临大敌般地批评，显然是不容易被接受的，甚至还会激起被批评者的抵触情绪。

鲁迅先生就是这样一个善于“批评”的艺术家。一次，许广平请鲁迅先生审读其论文《罗素的话》。先生阅后，批语：拟打90分，其中给你5分，其余的85分都给罗素。其意思是嫌他文章引用太多，而自己的分析文字过少。许广平拿到批改，欣然接受，对鲁迅先生也更加敬佩。

所以，批评不妨幽默点，用“一览众山小”的胸怀去看待问题。如果批评过度，则我们需要及时地加以鼓励和安慰，以扭转超限效应的不良影响。

虚假的共同爱好

在我们的生活中，寻找共同爱好的现象很普遍。例如谈恋爱的双方，在结婚前多少会考虑彼此有哪些共同的爱好。共同爱好越多，婚后在一起的机会就越多，联系就越紧密，闹矛盾闹分离的几率就小得多了。

在职场，领导喜欢的东西，往往下属也表现得兴致勃勃。这是为了迎合上司故意耍的伎俩吗？其实不然，这也许根本就与个人的思想道德无关，用心理学的道理来解释，这些虚假共同爱好的作用就是追求“虚假同感偏差”带来的好处。虚假同感偏差就是一个人容易认同与自己有共同之处的他人。例如你喜欢踢足球，那么你就可能对喜欢踢足球的人有额外的好感。在选举时，你也愿意将票投给自己喜欢的人，甚至你会对跟自己长相相似的人怀有莫名的好感。因为虚假同感偏差产生的效应，你可能高估与自己有共同之处的人，甚至像为自己辩护一样为这些人辩护。

这只是心理学里的有趣现象。虽然在我们很多人看来，故意追求与他人的共同爱好，有阿谀奉承、投机取巧之嫌，但是，在某些时候，运用虚假同感偏差也可以助我们一臂之力。

例如：有一名刚毕业的大学生，虽然在校期间学校成绩优异，但是因为没有工作经验，求职屡次失败。他认真分析了自己失败的原因，觉得需要用上一些特殊的技巧。于是在他又去一家公司应聘之前，他多渠道了解了该公司主管招聘的负责人的经历、兴趣爱好等，以期在应聘时能找到共同点，引起主管的共鸣。应聘当天，接待他的却是个年青的女孩，先前的“准备”就没有用武之地，于是大学生就很诚恳地告诉女孩自己的遭遇。女孩听了，觉得他的遭遇跟自己相似，因为她也曾经是一个大学期间很优秀，毕业却因为没有工作经验而四处碰壁的人。于是她便劝说自己的领导录用了这名大学生。

我们常说，与人交往要求同存异。先找到彼此的共同之处，迅速拉近心与心的距离，建立初步的人际关系，减少心理的抵触。

第三章

情感心理

如果每月都有一次情人节

很多重要的、有意义的节日，一年只有一次，这显然不够的啊！所以，很多人都想：如果天天过节该多好！且不说天天都过节，就说每月来过一次情人节吧，看看到底效果如何。

科学家就做过这样的实验：安排两组恋人，一组里的男孩每月都给女孩送一朵红玫瑰，带着女孩过一次情人节；另一组呢，则是一年只过一次，男孩只需要破费一次买玫瑰。过了很久，科学家来验收试验结果，却发现每月都接到玫瑰的女孩在接到玫瑰时的表情并不怎么惊喜，而且还抱怨男孩说："怎么才一朵啊。"等到男孩买了许多玫瑰后，女孩还是有些不满："怎么老是红色的，就不能来点蓝色妖姬吗？"而另一组的女孩，虽然只是一年才收到一次玫瑰，可是接受玫瑰的那种喜悦溢于言表。

如果每月都过一次情人节，男孩可就惨了：买一朵玫瑰不行，得买很多，99朵，甚至999朵，那花费会更多的。不久之后，女孩对玫瑰数量也不足为奇了，要蓝色妖姬等稀有名贵玫瑰才能满足，一旦连蓝色妖姬也厌倦了，男孩只好去央求植物学家尽快造出更新奇的品种了。如果这样恶性循环下去，女孩的欲望会无穷无尽，却越来越不容易感受到来自男孩的真情和幸福。

这就是"贝勃规律"，意思是第一次刺激要比第二次的强，当人们经历某种强烈的刺激后，再经历类似刺激就会渐渐地显得见惯不惊了。

贝勒规律可谓是一种狡猾的计谋，在一些公司，老板想辞退某个不容易辞退的人，就不会首先辞退他，而是拿另外不是很要害的人或部门开刀，等到第三批，第四批时才裁到原定的对象上，这时原定的对象就没有那么多抵触的言行了。试想，一开始就裁掉原定对象，势必引起巨大的反抗，甚至报复。

一些商家也常常利用贝勒规律。那些“亏血本大甩卖”，“跳楼价”，“清仓大处理”，“换季或节日大减价”等，无不是利用了人们这样的心理。其秘诀在于，原本打九折卖100元的商品一般少有人问津，因为这样的打折实在太普遍了。而有一天，商家突然将全部商品打两折，甚至一折出售，则会吸引大批顾客蜂拥而至地抢购。而实际上这些打一两折的商品的“原价”很可能早已从100元提高到1000元了，而且打折下来的价格往往并不比涨价前便宜。但是，1000元打一折的魅力远比100元打九折的魅力大（或说刺激大）。

贝勒规律告诉人们的是，对别人好，一定要有限度，糖吃多了也会腻。一旦你给的好处缺乏新鲜感，或者不能继续提供好处，那么对方就可能会对你开始失望，进而疏远你。对策就是不要太好了，不要太甜了，表扬他人需要夹杂中肯的批评和否定，距离有时也是一种美。要采用“半糖主义”的方法将美好的感觉维持长久。

相由心生

数年前，一位其貌不扬的女大学生向老师抱怨自己长相不好。原来，她快毕业了，在经历了几次求职失败后，她的心情变得更加糟糕，产生了一系列对未来悲观的想法：找不到工作肯定是自己长得不漂亮，工作找不到，活着还有什么意思，即使找到一个工作，将来也不容易嫁出去……甚至这位女大学生还产生了轻生的念头。听了这话，老师既惊讶又无奈，一时也找不到合适的语言去鼓励她。想来想去，最后老师半开玩笑地说："现代的美容技术这么高超，将来等你有钱了，去趟韩国，回来肯定变成大美女。"然后老师给她讲了一个从杂志上看到的，去韩国整容成功的故事，那女孩听了高兴地笑了。

数年后，老师再次遇到这位女大学生时，他已经认不出她是谁了。时髦的着装、发型，不淡不浓恰到好处的化妆，自信优雅的举止，俨然成了一位都市丽人！

一报姓名，老师才想起这件事情来。"肯定是去韩国整容了！"老师的第一反应。然而出乎老师意料的是她根本就没有整过容。女孩告诉老师：自从他鼓励她先挣足钱再去韩国整容后，她的心里就充满了无限的向往，于是抱着积极的态度去求职。虽然是一家不知名的公司，但是为了心中的梦想，她努力地工作，最终多次得到领导的提拔。随着事业的成功，先前的梦想却渐渐被淡忘，因为即使没有期望中的那么美丽，但是勤奋可以弥补先天的不足。尤其是她已经找到自己的另一半，组建了一个美满幸福的家庭。老师听了，高兴地笑了，他怎么也没想到，当初不经意的一番话，会产生如此美好的效果。

其实呢，这也是很有科学道理的，就是心情可以改变相貌。

美国著名的心理学家马尔兹指出：青少年对外表所产生的烦恼，其心理障碍大都是在脑子里存在着一种"幻想式的丑陋"。他的研究表明，约有90%的人对于自己的外表有所不满，大多数人对自己外貌的"期望值"较高。尤其是处于青春期的青年，常会以一种极度挑剔的目光来审视自己的外貌，把自己身上的一点“丑”加以无限地夸大，从而陷入自卑的漩涡中。

对传统思维中“树活一张皮，人活一张脸”的曲解，导致一些人以为长相才是人的一切。其实，人们活的这张脸，是指要有“面子”的意思。现实社会里，成功人士中，可以说不乏其貌不扬的人，可是人们却对这些人好评如潮。为什么呢，因为人的价值最重要的是为国家、社会和他人创造的价值，作出的贡献！现代文明中的人们，往往更乐于去审视一个人的智慧和气质，而非一张空洞的“脸”。

古人云：相由心生，就是这个道理。积极、健康的心态可让人精神焕发，全身充满阳光与活力。试想，一个人成天愁眉苦脸、横眉怒目的，先天长得再好看也会让人望而却步的。在你的脸上多一点微笑、自信、友善，这才是一张脸最美的成分！

初次约会不要阳光明媚

男孩为了约女孩见面，讲究了衣着，还特别选在鲜花盛开的公园。这天，天气很好，阳光明媚，女孩也如约而来。可是两人谈得都很拘谨，虽然鲜花簇拥，却并没有营造出良好的交谈氛围。

男孩回去后就想：难道她不喜欢我？今天表现为什么就那么差呢？

女孩回去后也想：难道我们性格不合？怎么就找不到话说

呢？没有什么共同语言，以后还怎么发展呢？

男孩心有不甘，女孩也兴趣索然。分手还是继续？反正还是要再见次面说清楚。

第二次见面，两人选在一家咖啡店。傍晚时分，两人先后出现在咖啡店。烛光中的咖啡店，光线有些昏暗。结果呢，没有明媚阳光，没有芳香的鲜花，两人却很放得开，你问我应，我问你答，天南海北，谈得很是投机。双方相互吸引，对方的优点也被陆续发现。于是恋爱关系得以确定，交往继续下去。

其实这就是心理学上的“黑暗效应”，说的是人在昏暗的环境中，反而不容易引起紧张焦虑的情绪；而光线明亮的环境中，人们总是因为害怕暴露自己身上的缺点而感到担忧。初次见面，或者与陌生人见面，人们难免有一些拘谨，小心翼翼地说话。而且，只要一方表现出这样的拘谨、小心，也会影响到另一方的行为。最终，就会导致交谈不是很融洽，甚至不欢而散。

人类的祖先在某个年代也常使用黑暗做隐蔽，避免大型野兽的袭击。而夜晚是人与动物休息的时间，遭受攻击的可能性就小。所以，黑暗可以让人放松警惕，倍感安全。

也许是因为黑暗效应，不少人愿意去那些光线不足的歌舞厅、酒吧等场所。因为在这些场所，一个人不必拘谨地注意这注意那，可以尽情地娱乐，而商家也正是掌握了人们的这种心理。

古人云：水至清则无鱼，人至察则无徒。道理很简单，水清了，水质可能很好，但是鱼看得见你，你也看得见鱼，容易暴露的地方鱼儿都很小心；一个人太精明，太在意别人的细小问题，对人过于严肃认真，就可能没有伙伴了。

黑暗效应可以用来增进感情，例如“烛光晚宴”不仅适用于恋爱的男女，也适用于家庭成员之间，同学之间，谈判双方，与陌生人的初期交往等。当然，黑暗效应也不能长期使用，因为明亮的环境可以使人精神振奋，心情愉快。在双方都比较了解和熟知的情况下，就需要阳光普照了。

黑暗效应也可以逆着使用，就是防止套近乎，防止徇私舞弊。例如监考老师监考，光线充足才能发现作弊者的一举一动。求职者应聘，也需要明亮环境，以利于考官的判断不受外界因素的影响。对于将要进行比赛的双方，在明亮的环境中也更容易赛出水平。

忘不了甩不掉就替换掉

多数的失恋者都会经历一个较长的痛苦期，能够等到雨过天晴的，人生就会又明朗起来；没有等到的，可能就自暴自弃，甚至自寻短见了。但是有这么一个女孩，很幸运地解决了这一问题。

引子跟男朋友谈了5年恋爱，5年仿佛是道坎，男朋友最终提出分手，而她心有不甘。对于女孩子来说，在这个阶段，她更需要的是一个属于自己的家庭了。引子很伤心，成天在网上虚拟的世界里宣泄，希望可以忘掉现实的烦恼。她也很清楚，跟男朋友艰难地维持了5年，已经很不容易了，当初热恋的那些美妙感觉，早已烟消云散，没了新鲜的感觉。彼此或许对这段漫长的感情都麻木了。好在一个网友在QQ上跟她情投意合，两人互换了照片。或许是因为失恋的打击，促使引子急切地想与这位网友见面。于是她很贸然地一下子从四川飞到深圳。引子见完网友回来后才告诉身边的朋友，朋友们自然吓了一跳。要知道网上的骗子不少，尤其是搞这种网恋的，去见网友而被骗财骗色的可不少。还好在朋友的帮助下，核实了她的网友确系有稳定工作，有社会声誉的一位成功人士，这才放心地让她再一次飞去深圳。两人发展迅速，关系也很好，不久就步入婚姻的圣殿。发生这一切不过一个月后，当朋友们问她："还怀恋以前的男友吗？"引子显得有些惊讶地说："哎呀，你们不说我还真把他忘了。已经没有啥感觉了。"

这是关于失恋，关于心理的故事。

还有一个学生，似乎有多动症，上课喜欢做小动作，自己无法控制。好的是，他能主动求助，希望戒掉不良的毛病。看了不少医生，也向心理医生咨询过，还吃过多种药物，就是不见效。老师们都很无奈，找不到办法去帮助他。后来，来了个新的班主任。班主任对他说："我给你一个特权，以后你一旦想动了，我允许你从教室后门悄悄出去，但是必须围绕操场跑3圈再回来。"这个学生也有自知之明，不想影响其他同学。于是欣然从命，一旦想动了，就去操场跑步。

后来，不到三个月，这个学生多动的问题不见了，却多了另外的一种习惯：每天早上喜欢到操场跑步。

这两个故事讲的是心理学里的"替换定律"，就是说人们头脑里不愉快的记忆，生活中不好的习惯，不可能忘掉，或者像电脑程序一样删除，唯一的办法就是用新的记忆、新的行为习惯去替代不好的记忆或习惯。

所以，当我们要去帮助某个遭受挫折的人时，一定不要试图让其忘掉旧事，而是要遵循替换定律，想法带给他新的感觉，帮助他创造新的生活。

喜新未必厌旧

人们都有喜欢新鲜事物，追求感官新鲜刺激的偏好，但是却未必会喜新厌旧。我们大多数人可能更喜欢跟熟悉的人在一起做事，在熟悉的地方生活。

心理学家做过这样一个实验：让参加实验的人员观看一些陌生人的相片。有的相片出现多达二十多次，也有出现十来次，一两次的。然后看参试者对哪些人更有好感。结果显示，无一例外的，他们对出现次数多的相片显得喜欢，而不是那些只出现一两次的新鲜照片。

这就是心理学上的“多看效应”。因为陌生意味着未知，有风险，甚至危险存在。而熟悉的事物往往让人感到安心。在生活中我们也会有类似的心理体验：一些人在初次见面时，可能貌不惊人，但是交往多了，看多了，反而觉得这个人有某些特别的魅力。就像日久生情一样，交往多了，彼此互相了解，心与心的距离更近了。熟悉彼此，让人们获得的是信任和默契。增加了人的心理舒适度，也会对他人的相貌感受发生微妙的变化。

多看效应对指导人们改善交际有积极意义。如你的人际交往不多，而业务又需要你有广泛的人际关系，怎么办呢？那就是借助多看效应的技巧，多多地出现在他人面前，通过尽可能的途径增加见面次数。每次见面不必搞得太复杂，一个简单的问候即可。见面次数多了，给别人的印象也就深刻起来。俗话说得好：一回生，二回熟，三回就成老朋友。频繁地露脸就行了。如果不能经常见面，那么也可以用其他方式常常保持联系。

有一个公司，新来了一位女同事，这位女同事似乎比较热情，见谁都招呼一下，因此与同事很快就熟悉起来。她跟客户的关系也很好。同事仔细分析发现，原来除了见面打招呼，她还经常使用QQ跟客户聊天，其实也不是长时间地聊，而是经常打个招呼而已。此外，她还频繁地使用电话、手机短信等跟客户保持联系，因而赢得了良好的人际关系，大大地促进了业务的发展。

可见，不见面但保持简单的联系也可产生多看效应。但是多看效应也要遵循一定的原则。在交往中要注意应有的礼节礼貌，并不损自己和他人的尊严。如果每次见面都跟人家滔滔不绝地说话，势必产生相反的作用。如果在与对方前几次见面时未能留下良好的第一印象，甚至对方不喜欢你这种性格或外貌的人，那么接触时就需要显得低调和谦虚。简单的联系，如QQ聊天，手机短信，也要找准机会。例如节假日的问候等，切不可没事找事的问候，这就会让别人认为你是在骚扰，进而产生反感的情绪。尽管一时的交往不是很理想，但是巧妙地运用多看效应则可扭转不利局势，慢慢成为熟人，话就方便说，事情也就容易办了。

在最后一次改变形象

很多人都知道，与人初次见面，“第一印象”非常重要。

你能给别人怎样的印象，在见面的短短十几秒钟内就决定了。虽然是人脑很片面的认识，但是第一次要是搞砸了，要想改变可不是那么容易的事情。

年轻帅气的小伙子小许就吃过这样的亏：在第一次与女朋友见面时就搞砸了。他早见过这位心仪的女孩子，可是一直未能面对面地交往。那一天，他正在帮朋友搬家，穿着一身破旧的衣服，脸上也黏着不少污物。恰好朋友的朋友，就是他心仪的女孩子也出现了，他们见了面，还礼节性地问了好。可出于自己的这身“打扮”，小许难免露出惊慌的神色。后来小许托人间接地询问女孩对他的印象，女孩只是淡淡地说：“好像很一般嘛。”小许就急了，一定是没有给人家留下良好的第一印象啊！

怎么办呢？下次再表现体面点去改变女孩对他的看法吗？可能收效甚微，搞不好有“故意打扮”、“造作”的嫌疑呢。

第一印象，在心理学中也叫“首因效应”或“优先效应”。也就是我们常说的先入为主的现象。但是与首因效应相对的还有一个“近因效应”，就是说在与人最后一次，最近一次接触时，也能给人留下深刻印象，因为人们都很珍惜“最后一次”，从而可以多少改变失利的第一印象。

小许很幸运，因为有人给他出了一个好主意，类似于最后一次的近因效应：在一次普通的聚会上，让小许准备好再次与女孩“偶遇”。只不过，这一次小许要巧妙地撒个谎，说自己可能马上要调离单位到异地工作，以后很难再回来了。旁听的女孩却开始有些注意小许，觉得最后一次见面，即使还很陌生，也有一丝离别的味道。于是，他们开始更多的一些交谈，重要的是，这次小许给女孩的印象很不错，大大颠覆了他在女孩心中的第一印象。聚会结束后，小许故意“潜伏”了一段时间。自然的，小许没有走，最终他以“单位领导不放”为借口圆自己的场。后来，两人果真热恋起来，并有了美好的结局。

这个小小的花招还有另外一种作用：对主动套近乎的陌生人和不太熟悉的异性，女孩天生都有一种戒备的心理。“最后一次”，则巧妙地避开了这道心理防线。

首因效应在日常生活和工作中比较普遍。例如相亲，新官上任三把火，恶人先告状，先发制人等，都是利用首因效应占得先机。

有一位心理学家做过这样一个实验：让两位大学生都做对30道题中的一半（每题分值一样），不同的是他让第一位大学生做对的题目出现在前面，让另一位大学生做对的题目则出现在后面，然后让评委对两个大学生进行评价、比较。结果发现，评委无一例外认为第一位大学生更优秀。因为他在试卷上一开始就表现不凡，虽然后面全部错误。

如要改变不利的第一印象，势必要花不少工夫和时间。但是，一物降一物，我们可以借助“近因效应”去制衡“首因效应”，提高改变不利局面的几率。

朱丽叶与朱丽叶的故事

朱丽叶的故事应该和罗密欧有关吧？是的，心理学还专门有“罗密欧与朱丽叶效应”这个概念。朱丽叶与朱丽叶的故事说白了就是女同性恋的故事。笔者曾在网上与现实生活中接受了数例女同性恋的咨询，可以说想了很多办法，乃至“妙计”，但要解决根本问题就不得不借助“罗密欧与朱丽叶效应”了。

罗密欧与朱丽叶的故事源于莎士比亚著名悲剧《罗密欧与

朱丽叶》，类似于梁山伯与祝英台。大概内容就是他们相恋了，可是互为世仇的双方父母就开始极力反对他们来往。结果父母越是反对，他们越是珍爱对方。后来，有科学家对近百对恋人进行长期跟踪研究，发现他们父母反对越厉害，两人相恋越深。这个效应产生的原因在于两人对父母的劝说或命令产生心理抗拒，就是我们常说的逆反心理。正是他们产生了抗拒心理，所以父母越拉，他们走得越近。

前来咨询的女士，深为她同性恋的朋友感到担忧。她认为同性恋是不健康的，想把朋友拉回正道上来。且不说同性恋是否合法、正确和健康，因为不少西方国家已经认可了这种现象，有些地方的法律甚至允许同性恋结婚。实际上，同性恋产生的一个重要原因，也许正是“罗密欧与朱丽叶效应”的另外一种表现。在我接受的几例女同性恋案例中，不约而同的是她们在跟异性交往的过程中（或者在渴望异性的阶段）受到严重的挫折、打击和失败，也许正是这样的反作用力，成了他们（她们）向同性靠近的动力。如果要采取什么方法，强行地把他们（她人）拉开，这都违背了“罗密欧与朱丽叶效应”，结果只能适得其反。搞不好，还会伤了原来的友谊——你再也不容易靠近她了，你的劝说和行为都将鞭长莫及。

如果现实情况确实需要把朱丽叶与朱丽叶分开，不如反其道而行之。由反对改为支持，一个人的支持力度有限，多人的支持效果明显。同性恋者往往过着隐蔽的生活，不愿意暴露自己真实的性取向，一旦自己的“秘密”在小范围内公开，还得到毫无阻拦的支持，那么很可能产生一个相反的作用，那就是他们（她们）对同性恋生活的感觉、在意程度就会降低。甚至还可能产生怀疑：这些人无缘无故地支持我，是为什么呢？于是开始自己反思同性恋的生存状态，质疑自己做法的正确性。

此外，欲抑先扬，这样做容易取得同性恋者的充分信任和好感，之后你再慢慢进行劝说，对方就容易听进去了。

夫妻相之谜

一次聚餐，老总指着刚刚结婚一年的小余和小刘说："你们看！他们两个长得好相像啊！"大家一看，两人的样貌果然很相似，就像同父同母的兄妹一样。于是大家齐夸奖道："你们俩太有夫妻相了！"

夫妻相是怎么产生的呢？从遗传学的角度讲这是没有道理的啊。但是，现实生活中这样的现象却比较常见。对此感兴趣的一些美国科学家曾进行了深入研究，结果是：婚姻对男女的一些激素有明显的改变，例如女子的睾丸素水平（与攻击行为有关的性激素）上升，而男子的却下降。但是这个结果并不令人满意，因为这顶多说明夫妻双方的某些激素朝着减小差距的方向进行了一些调节，却不能解释夫妻相貌相似之谜。受到困惑的科学家将注意力转向了情绪，但这却是无法精确测试与量化的研究对象。

有人说夫妻相是因为他们有着共同的生活环境，尤其是相同的饮食造成的。作为夫妻，两人同吃同睡，环境的相似造就了相似的外貌。这个观点似乎有道理，因为相同地域的人们在外貌上是有着相同点的。例如在西方人眼里，亚洲人似乎个个都长得一样；东方人眼里，西方人也长得很相像。但是如果我们外国人见多了，或者外国电影看多了，那么我们甚至能够准确分辨出日本人与韩国人，法国人与英国人。因为每个国家的人似乎都有着共同的相貌特征。同一个地域或国度的人相貌相似，的确与其祖祖辈辈生活的土地有关，但更重要的是基因决定了民族的差别。所以，一个中国人在美国生活多年，他们自己及后代也不至于都长成西方人的面孔了。

造成夫妻相最重要的原因其实应归因于心理原因。夫妻两人各自的文化背景、习惯与爱好、语言与行为、价值观与世界观等等，这些具有较大差异的东西往往变得相互吸收、接纳。结果是他们有了类似或相同的行为习惯、爱好憎恶、判断标准、语言习惯，甚至行为举止都变得相似。关键的是这些逐渐相互同化和统一所导致他们面对一些事件，例如他人的评价等情况时，往往会有相似的心理活动，产生相似的感觉，以至你会看到他们有相同的表情，甚至连喜怒哀乐的表达方式也是极其相似的。换言之，他们会用相同的面部表情来表达相同、相似的心理活动。甚至，可以猜想得到，他们相同表情的背后所用的是相同的面部肌肉，表情的类型也是统一的，体内也会增加或减少相同的激素等等。最终结果是：在这些相同的表情、言行举止下，你会觉得他们“长”得很相似。

这就是夫妻相之谜，它唯一也是最主要的作用就是向人们表明：这两口子性格相符，夫妻关系融洽，日子过得滋润着呢。要是夫妻俩互有猜疑和不满，是不可能有那么多相似表现的。

第四章

教育心理

性格内向外向各有所长

有一位同学，她很想成为一个性格外向的人。因为她感到孤独，羡慕那些性格外向的同学。性格外向的人，活泼开朗，很容易与人交往，获得的友谊也会很多。在其他人眼里看来，性格外向的人整天都过得开心如意，少有烦恼。

科学家研究性格外向的人所具有的优势，除了善于交际，他们的神经似乎也很坚强，能够承担一些压力，患精神疾病的风险也较小。而一些人对于性格内向者似乎持消极的看法，一个很普遍的现象就是认为性格内向是一种心理障碍，甚至媒体在报道这样那样凶杀案的时候，也往往提到犯罪嫌疑人“性格内向”的特征，仿佛性格内向就是犯错、犯罪的根源。实则不然，性格的内向外向不过是心理科学对人类性格特征的一个大致分类，并没有褒贬的色彩。例如2008年的中国政法大学学生付成励杀害教授程春明一案中，有人在形容付成励时说他是个“性格内向”的人，似乎是要暗示悲剧的责任在于其“怪异”的性格，然而媒体在广泛采访付成励的同学时，得到的却是另一个答案：付成励绝对是一个阳光男孩！

可见，社会上是有那么一股风气，对性格内向者存在一些偏见，导致部分性格内向者产生了自卑心理，试图改变自己的性格。但是，这种看法显然是不科学，甚至是完全错误的。

大量研究表明：性格内向的人善于思考和创造。对于外界的刺激，他们更习惯于用内心去感受和思考，而不是易于爆发情感，大喜大悲。性格内向的人会给人以沉着、冷静、成熟、斯文的良好印象。

性格内向的人未必就是孤独者。相反，他们喜欢安静的环境，独自思考，安静做事。他们会将更多的精力用于学习、事业或兴趣爱好上。所以，性格内向的人往往内涵很深，学识广博，成就也就多了。

最近，美国科学家对性格内向和外向的学生做过一个有趣的实验：让两组学生玩输赢的游戏，同时用核磁共振扫描仪扫描他们的头部，观察大脑的活跃程度。结果很有意思：两组学生在游戏中的成功率差不多，但是他们的大脑活动却大不一样——性格内向的学生大脑比性格外向的学生大脑更活跃，尤其是跟大脑犒赏有关的中枢很活跃。结论是：同样的成功，性格内向的人能体验到更多的乐趣。虽然他们比外向的人更在乎得失，但也因此使得他们乐于追求智力劳动带来的成就感，在后来的人生发展过程中，他们更容易获得成功。因此，性格内向的人适宜从事科学研究等智力型的工作。

所以，性格内向和外向，不能说谁好谁不好，而是各有所长。不同的行业，不同的岗位，需要不同性格的人。这个世界需要各式各样的人合理搭配才能够健康发展。

环境和条件影响特长爱好

很多家长都重视孩子的个人发展，从小就开始逼迫孩子操练各种艺术技能，培养专长。例如绘画、书法、舞蹈、各种乐器等等。但实际上，这种强迫下的学习孩子可能并不喜欢，无形之中还增加了孩子的心理负担，甚至让他们产生逆反心理。换言之，这样做往往事与愿违：家长试图培养孩子的特长，但实际上却成为孩子烦恼的来源，而不是培养兴趣爱好了。

家长这么做，动机是好的，现代社会竞争激烈，谁能成为复合型人才谁就多一点竞争力。有时候，具有舞蹈、体育特长的应聘者确实能得到更多机会。问题出在什么地方？问题在于忽视了孩子幼小心理的需求和认知的规律。要让孩子形成某种兴趣爱好，进而发展成特长，那么就必须符合孩子的心理规律。一是引导孩子认识艺术并产生兴趣；二是要让孩子有所需求，因为需求而产生主动学习的欲望。这样，学习效率就高，也有助于维护他们的心理健康。

但是，用什么好的办法去“旁敲侧击”呢？

有一位写诗的朋友，中学时诗就写得小有名气，如今已在诗坛占有一席之地。大家惊讶他的诗写得如此出神入化，便问他是如何学会写诗的。诗人就讲了一个他小时候的故事：小时候的他很是调皮，没少挨父母的打，后来父母双双外出打工，就把他托付给在一所小学教体育的舅舅。他舅舅哪有时间去管他，一旦惹了事就径直把他关到学校放体育器材的体育室。不过，乡村学校的体育设备少得可怜，体育室堆的竟是一堆堆的旧书。旧书铺满灰尘，还有蜘蛛爬行。在万般无聊之下，他开始注意里面的书籍，于是一本本地开始翻看。先看有图画的小人书，看完了就看历史小说，古代名著，最后才看到一些生涩难懂的现代诗歌。就是这样，他渐渐对书本产生了浓厚的兴趣，不再打架淘气，而是四处找书看。由此奠定了他的文学基础，后来参加作文比赛，他一举夺魁。但他更喜欢诗歌的美丽，最终成为一位成功的诗人。

这个故事乍看讲的是“有心栽花花不成，无心插柳柳成荫”，实则不然，其实他涉及的科学道理就是心理学里著名的“鸟笼效应”。

鸟笼效应源自一位心理学家的故事：上世纪初，心理学家詹姆斯跟哈佛大学的物理学家卡尔森打赌，詹姆斯要设法让卡尔森不久之后养上一只鸟。卡尔森笑着摇头，坚定地说：“不可能，我可没有这样的爱好。”不久就是卡尔森的生日，詹姆斯便送他一份特殊的礼物——一个别致的鸟笼。卡尔森笑着说：我只当是一件工艺品。从那以后，卡尔森的家里每一个到访的客人都留意到他桌上那个精美却空荡荡的鸟笼，于是就好奇地问：“您的鸟什么时候死的?”卡尔森不得不一次又一次耐心地解释：“我从来就没养鸟。”虽然很认真，但是少有人相信，因为客人会想，不养鸟，干嘛买鸟笼啊？最终，卡尔森为了避免客人一再问这样的问题，只好无奈地买了一只鸟。

这就是著名的鸟笼效应。其意思是说，当你有了一只空鸟笼时，你要么把它扔掉（但很可惜），要么就买一只鸟养着（尽管你不喜欢鸟）。无论如何你总会作出一个选择。而往往人们更愿意选择利用现有资源，而不是抛弃。所以，如果我们希望孩子具备某种特殊的技能，不妨提供这样一个有助于他选择的环境或条件。刻意引导，往往产生抗拒心理。特长爱好往往是提供出来的，而非强迫培养。

从根本上调动积极性

把孩子送进学校读书，到底是为什么呢？老五也不是很清楚，也许是随大流，从众而已。但是老五现在却想孩子取得好成绩，这没有目的的想法又是为什么呢？家里富有，读书找工作挣钱也没有那么必要，将来儿子子承父业就行了，干嘛还要苦读十来年给别人打工呢？既然去读了，就读着玩吧，还要求成绩好不好干啥呢？其实，老五不过是富贵知荣辱。如今有钱了，倒讲究起面子来了。儿子读书不行，成绩如贫瘠的土地长出来的苗苗，这让老五很没面子。为了提高儿子读书的积极性，老五采取了一套奖励措施：名次达到中等水平，奖励现金2000元；名次跻身前30名，每上升一名则奖励1000元。

俗话说重奖之下必有勇夫，儿子学习果然来劲，成绩提高不少。可是过了几个学期，儿子的成绩又回到了起点。老五提高奖金，但是儿子已没有什么兴趣了。因为，手机、笔记本什么的，该有的他都有了，就差痛快地玩了。

不少家长都可能出台了这样的奖励措施鼓励孩子学习，但是“德西效应”却揭示这样做注定要失败。金钱和奖品可以买来一时的成效，但是却不能让子女养成良好的学习心态和习惯。德西效应认为，外部的奖励一旦过多、重复就会导致相反的效果。因为奖品将学生学习的目标给转移了，学习成功本身的趣味被奖金奖品替代，使学生难以发现学习本身的乐趣。这不利于培养孩子长期健康的学习心理。

心理学家爱德华·德西曾做过这样一个实验：他让一群大学生挑战一些难题，在第一阶段没有任何奖励；第二阶段则将大学生分为两个小组，第一组完成难题奖励现金，第二组则没有；到了第三阶段，德西让大学生休息一段时间，并利用这个机会进行调查。结果发现有奖励的第一组愿意继续做下去的人很少，而第二组愿意继续做的则较多。实验表明，人们更愿意接受完成任务带来的内在奖励，例如成就感、荣誉感等。而如果用具体的物质奖励替换成功的快乐体验，反而不能激起人们的兴趣，尤其是持续的兴趣。物质金钱的奖励也不利于人形成健康的价值观。

有时候我们过于频繁地评选先进进行表彰，反而不能起到树立典型的作用，往往会因为评选上丝毫的不公平就给更多的人带来心理的不平衡，从而对这样的表彰奖励感到失望。

德西效应也许在事情初期显得有效，可以促进一些事情快速进展，但是时间一长则可能表现出反作用力来。所以，为了摆脱德西效应的负面影响，有必要及时改变策略，重视精神奖励，注重培养做事的兴趣，引导人们从事件本身获得帮助、提升，体验成就感。

难以满足的好奇心

李先生的孩子，还没到青春发育期，却似乎已经早熟起来，这让他感到很烦恼。原来李先生的孩子有一个不良的嗜好：爱明目张胆地看他们夫妻洗澡。不仅是看他们，到了亲戚家，还偷窥亲戚洗澡。孩子这么小就这么“好色”，将来如何是好啊！

李先生本来采取禁止的措施，可惜越是禁止，孩子越是好奇，越是想看。如若不从，大哭大闹。没办法，李先生采取开放策略，进行早期性教育。“教育”了吧，孩子还是很好奇，每晚喜欢跑到他们夫妻的床上睡觉，还伸手去摸好奇的东西。看来这好奇心是难以满足的无底洞啊。

其实，李先生所担忧的是孩子的性教育问题，这样的烦恼不少家长都会遇到。在中国的传统观念里，性是一个神秘、污秽的复杂东西。谈性色变，通常关于性的话题不能随便在公众场合谈论，性似乎是一个俗气的话题，是禁忌。公然谈论，常会被认为思想腐朽，道德不良，等等。在欧洲一些发达国家，性教育课程在小学阶段就开设了。合理的性教育结果是，欧洲这些国家青少年首次偷吃禁果的年龄大大推迟了，不仅如此，青少年性犯罪也得到有效控制。

要解决青少年的性教育问题，就需要遵循心理学上的“禁果效应”。禁果效应就是你越是禁止，人们越是好奇；越是得不到的东西，越是想得到。“禁果”一词源于《圣经》故事，讲的是夏娃和亚当被蛇引诱偷吃了上帝禁止吃的智慧树上的禁果。吃了之后，他们开始变得聪明，但是却从此知道了害羞，所以他们用树叶遮掩害羞的部位。自然，他们也得到上帝的惩罚：把他们逐出乐园，赐予苦难，并不再永生。

在社会上，也存在一些“禁果效应”的现象。例如一部很一般的影片，从拍摄之初就开始保密，仅偶尔透露点“剧照”出来，以造成“千呼万唤始出来”的轰动效应。一些商家，也故意给商品制造神秘气氛，例如限量版、限量销售等等。还有一些人，擅长将一件很简单的事情弄得极为复杂，让人们难以轻易得到，这也增加了人们对结果的期待和好奇。而一旦得到，却发现不过如此。这就是利用禁果效应来提高产品的卖价和影响力。

禁果效应对于性教育的启发，就是要适当“解禁”。本来是人类的一个正常现象，因为禁止反而诱发了人们极大的好奇心和某种欲望。越是不容易得到的越是想要去得到，结果使很多青少年从错误的渠道，接触到错误、夸张和误导性强的“性”资料，也就对性产生了一些不正确的认识，最终导致青少年出现性过错，甚至性犯罪。

所以，性教育要趁早，及早在青少年的头脑中充实科学的性知识以及性道德准则。但在具体实施性教育时，必须由专业的人士操作。要注意性教育的方法，不要仅仅是讲解两性生理差异，不要仅仅是观看图片和录像，还必须就性疾病、性道德、性犯罪等给予正确引导，要让青少年了解到人类性的意义，以及因为性而可能承担的不良后果。正如亚当和夏娃的故事，如果上帝早早地让他们了解智慧树上果子的作用，以及偷吃的不良后果，一切都清清楚楚，他们也许就不至于犯错了。

假如你也看不见了

一位执教于小学的朋友讲述了他的烦恼：他的班新来了一个盲童，遭到其他学生的嘲笑和欺负。尽管一再叮嘱班干部发挥作用，但是毕竟都是一群小孩，老师一旦不在，班干部也跟着捉弄人家。他烦恼的不仅仅是盲学生的可怜，更担忧的是他学生的品行：怎么连基本的同情心都没有？

这种事情确实不好办，要解决这样的问题，得从事情本身巧妙入手。

于是我想了想问：“你在学生的心目中形象如何？”

朋友回答：“那还用说，有一次我生病找人代课，他们怎么都不配合，非要我给他们上。”

“那你小时候得过红眼病、沙眼没有？”

“当然得过了。”

“那好，你把这个故事讲给他们听。”

朋友回到教室，按照我的思路给学生讲起了自己的故事：

“有一个成语，叫盲人骑瞎马，人是瞎的马也看不见路，你们说危不危险？”

学生一致回答道：“危险。”

“其实我小的时候也做过盲人，那个时候学校红眼病很流行，我们好多同学都被传染了，我也不例外，而且我比其他任何人都严重，因为我两只眼睛都红了。医生给我上了药水，然后就用纱布把两只眼睛包起来。包起来还看得见吗？当然看不见，所以我就当了两天的盲人。但是为了不耽误学习，父母牵着我坚持到学校听课。因为看不见，我下课都不敢到处走，只好呆在自己的座位上，我要上厕所，只好找要好的朋友带着去，可一路上没少让其他班级的同学嘲笑。尤其让我伤心的是，当时班上有个调皮的同学，把我的书啊、文具盒都藏起来了，害得我急得大哭。大家说说，我那个时候可怜不可怜？那个调皮的同学做得对不对？”

学生积极地做着回答，似乎深为他们心目中的好老师的不幸遭遇而悲伤。

然后朋友话锋一转，说：“假如有一天你们也像我一样得了红眼病，也看不见了，你想想你会遇到什么情况？”

学生们一下子静下来了，陷入了对自己可能遭遇“看不见”问题的深思。

这堂以老师现身说法的思想品德教育课取得了良好的效果。从那以后再也没有人去捉弄盲学生了。不仅如此，在班干部的带头下，学生还自发组织起来轮流送盲学生上学、回家。

常言道：童言无忌。小孩子之所以会去戏弄和他们看起来不一样的同学，那也是他们一种天真和自然的行为，并非是他们的品德出了问题。要让这样的小学生明白什么是真善美假恶丑，最好的办法就是让他们亲自去经历，亲自去体验，让他们换个角色去看世界，看自己。这堂特殊的思想品德教育课之所以取得圆满成功，原因正在于教师通过移情的方法让学生有了“亲身”体验。由于教师在学生心中具有很高的声望，教师的不幸遭遇就很容易感染学生，让学生有了身陷逆境还被捉弄的心理体验，然后教师又成功地将这种感情迁移到盲童身上去。明白了不幸与被捉弄的感觉，如此才能使他们深刻领悟“己所不欲，勿施于人”的那些基本的做人道理。学生自然地就知道该如何对待弱者及那些以前被他们瞧不起的人。

在当今社会，也有部分人对某些职业和处境的人带有歧视，例如瞧不起贫穷的人群，不愿意跟社会地位卑微的人来往等。但是，有一天，这样的人如果知道了他们心目中的偶像、明星，在出道之初也曾过着卑微的生活，他们往往会受到触动，改变对许多人的看法。他们会渐渐明白社会上那些处境不好的人的不幸，并同情他们，甚至宽容和帮助他们。这样的移情对我们构建和谐社会具有积极的价值。所以，那些偶像和明星，那些在社会上崭露头角成为名人和榜样的人，更应该从容讲述自己艰苦的奋斗历程，这样不仅可以激励那些还在奋斗中的人们，更能产生强烈而良好的移情效果。

支付给儿子的生活费

儿子考上大学，到了省城读书，老马得定期给儿子的账户上补充“粮饷”。

儿子第一个学期，老马给儿子在学校附近的银行办了张卡，一次性存入5000元，告诉儿子这是他这个学期的全部生活费，每月可以取一次来用。粗一算，平均每月1000元的生活费，相对于大多数学生来说，那是比较富裕的了。谁知道，还没过3个月，儿子就打来电话找老马要钱了。卡上的钱没剩多少了，这让老马感到吃惊。好在老马这些年搞特种养殖，赚了不少钱，就赶紧给儿子把钱转了过去。这次他只存入了2000元，可惜一个月不到，儿子的“求救”电话再次打来……

这可如何是好？老马知道儿子从小就没吃过苦，不知道啥叫艰苦节约。照这样下去，儿子的“胃口”越来越大，倒不是养不起，而是担忧儿子将来怎么办？花钱如此大手大脚，父母难道还得养他一辈子吗？

其实问题就出在老马身上。“财富效应”告诉人们：当一个人越有钱的时候，其消费的欲望也越大。也不能怪儿子不懂“理财”（虽然他学的是财经专业），财富效应对任何人都是有效的。人在贫穷时，消费欲低，常表现出节俭的行为；如果一旦成为暴发户，发了财，人的消费欲望就开始膨胀起来。特别是一些人把意外得来的钱财不当回事，瞬间就可能挥霍干净。

知道这个道理后，老马开始改变供应的策略。变一学期一次性供应为逐月供应，这样无形之中给儿子施加了经济压力，渐渐让他懂得生活，领悟人生。但是，“改造”并不那么顺利，一个月的生活费儿子一周就用得精光，于是到处向同学借钱。老马按兵不动，任其借钱，仍旧逐月按时供应。儿子一再要求给钱，老马再次改变策略：每周供应一次，这样不至于让儿子饿死。期间，再辅以“政治攻心”：老马告诉儿子当前金融危机，他的生意不好，亏损很多。一面告诉他要节约，一面暗示可能减少他的生活费。

在经济短缺，以及同学催债的压力下，儿子生活过得很没有规律：有钱时大吃大喝，没钱时就在寝室里吃泡面。也算经历了苦难，获得教训了。老马这才及时地把儿子的欠债还清。渐渐明白道理的儿子，终于懂得了怎样生活，并开始合理地使用生活费了。

这是财富效应的反运用。但是正如人们常说的“由俭入奢易，由奢入俭难”。老马“改造”儿子的工程，很艰难，好在天无绝人之路，即使有一点回旋的余地，抓住了也能遏制局势的恶化。

曾经有个年轻人只身去深圳打工，家里带来的钱已经所剩无几，但是仍然没有找到工作。一日，他在路边小摊吃面条，同桌的中年人着装朴实仿佛也是来打工的。面吃完了，他一摸口袋，钱不够。同桌的那人也放下筷子付钱，但是对老板说：我们两人的一起付。年轻人很感激又很好奇地问：“我们不相识，你为什么帮我付钱?”中年人镇静地说：“还没找到工作吧？看到你我就想起了自己当年来深圳的样子：钱用完了，工作还没找到。如今我已是大老板了，但是我仍然没有忘记当年我吃过的那些苦。”中年人说完就起身走了，留下感动不已的年轻人。后来这位年轻人也终于成为大老板，这个有趣的故事也传播开来。

这个故事对于我们的启发就是：曾经吃过苦的人，往往更懂得珍惜今天的生活。吃苦越深，人的心智越健康成熟。当然我们也会不时地听人讲起某人很富有，但生活却跟普通人一样俭朴。这也启发我们：在子女教育过程中，要有足够的苦难教育，才能有效避免他们在成长过程中出现不良的“财富效应”。

网瘾狙击

李先生的孩子从中学开始就有迷恋网吧的现象，为了不让网瘾耽误孩子的前程，李先生特意为他找了一个实行半军事化管理的职业学院读书。这个学院管理严格而细致，每个月才放一次假，在校期间学生是不可能到校外接触网络的，这让李先生非常满意和放心。但是问题也随之而来了：每到月底放假，他的孩子连家也不回就直奔网吧，一直玩到周日傍晚才精疲力竭地回到家，拿了下个月的生活费就匆匆离开了。

李先生遂来向心理医生咨询："你说他是不是不适合读这个学校？学校管得太严是不是把他憋坏了？如果每天都让他上一会儿网会不会好些？"

心理医生告诉他："这个学校管得严是利大于弊的，现在的小孩自控能力差，严格一点可以避免他们接触到社会上很多不健康的东西。造成你的小孩目前状况的主要原因是他有网络成瘾的症状，从而产生一种强烈的依赖心理。目前网络成瘾的学生不少。所以根本问题是解决他这个网络成瘾的问题，而不是想办法满足他不健康的需求。"

为了掌握更多关于李先生小孩的资料，心理医生建议他下次带着他的孩子来。

李先生再次来访时带上了他的孩子，但他的孩子显得极不情愿，几乎是被他推进医生办公室的。

心理医生问这个学生："你好像不愿意来？"

“是的。”

“无论什么原因你还是来了。”医生提示道，“这说明你最终自己决定要来对吗？”

“对。”

“你上网一般都做些什么呢？”医生问。

“其实也没有什么。”他似乎想了一下说，“看网页、聊天、打游戏什么的。”

“没什么？但你对网吧的向往似乎比其他人更强烈啊！”

“我就是觉得在网吧很舒服，感觉很好。”

从交谈中可以发现，这个学生对网络产生了一种精神依恋。也许是由于学校、家庭的严格管理约束让他对自由的网络产生了浓厚的兴趣。

一个人潜在的爱好是很多的，心理医生决定试试用其他一些他感兴趣的事情平衡或者替代他对网络的依赖。

“你想想看，除了上网你还有什么兴趣爱好？”医生问道。

“我喜欢踢足球。”想了想他继续说，“中学的时候我就喜欢了，那时我爸爸还答应给我买一个很好的足球。可惜他一直都没有给我买。”

他的话包含了重要的信息。医生觉察到这个学生原本就可能形成的一个好的爱好，就因父母的失言而“夭折”了。于是医生跟李先生商量，给他的孩子买一个好的足球。但李先生已不记得承诺买足球一事了。

“这是替代疗法。”医生说。

“只要可以治他这个毛病，什么我都可以给他买。”李先生高兴地同意了。

两个多月过去了，李先生带着孩子再次来到医生的办公室，神情显得有些失望。

“他现在是喜欢踢足球了，可是那个老毛病还是没改啊！”

“别急。网络成瘾的治疗不是一朝一夕的事情，第一阶段的治疗我用的方法刺激程度比较轻，是为你孩子着想，同时也是为第二阶段的干预做铺垫。鼓励他踢足球就是为了培养他广泛的爱好兴趣，将注意力从网络转移到其他方面。踢足球对增强体质也是很好的。”

然后医生请李先生出去，请他孩子进来。

“踢足球和上网，谁更有趣些？”

“老师，我知道你的意思。我现在是很喜欢踢足球。但是放假了我到哪里踢呢？也找不到合适的人一起踢。待在家里不知道做什么，我只有去网吧了。”

“其实去网吧消遣也是人们正常娱乐的一种方式，但是过度地依赖就会影响一个人正常的生活、学习。有些人长期沉浸在网络虚拟世界里，结果就丧失了基本的社交能力，例如表情麻木，对家人、朋友逐渐冷漠。假如你将来做了家长，你希望你的孩子长期呆在网吧里还是经常和你待在一起呢？”

“这个我没想到过。可是我已经改了不少，至少我没有再通宵上网了。”

“这说明你的生活逐渐正常起来了。但是从内心上讲，可以完全离开网吧生活吗？”

他想了想说：“可能不行吧。网吧对我的吸引力还是很大。”

医生停下询问，开始第二套方案：厌恶疗法。每个人都有自己讨厌的事情，讨厌的事情可以影响一个人对自己喜欢事情的感觉。例如一个人喜欢看花，但是每次在他看花时都把一团牛粪放在花的旁边，告诉他：“花之所以长得这么好，就是因为盆里埋入了牛粪。”如此多次，他可能不再喜欢看花了。

于是医生问他：“你有什么觉得厌恶的事情？或者有什么东西让你害怕？”

也许他觉得医生要帮他解决他讨厌的事情，于是他很积极地说：“我害怕狼狗！”

“为什么？”医生问。

“小学的时候，我们班的班长是个很可爱的女孩子，有一次我们走在胡同里，一条狼狗发疯似地跑来扑在她脖子上咬了一口，她被咬得好惨啊，太恐怖了。我每次做噩梦，梦里面都是狼狗。”

这个情况实在太有价值了。于是我与张先生悄悄商量，决定用厌恶疗法治他的网络成瘾。

第一次，我们先让他进入网吧玩耍，然后将一条温顺的狼狗拴在门口再叫他出来。张先生的孩子出来时一见到狼狗大惊失色，急忙跑回网吧的厕所躲了起来。

第二次，我们先把狼狗拴在网吧门口，再让他进去玩耍。结果他死活都不敢进去。

从此以后，这个学生就对网吧失去了兴趣，彻底改掉了网络成瘾的毛病，转而爱上一些积极健康的活动。

做“尖子”为什么这么累

以下是3月上旬的一天，一次QQ咨询，咨询者“山那边”与咨询师“你好”的对话。

山那边：我很正常，但是我很累。

你好：好，说说看，你怎么认为自己很正常？

山那边：我的举止行为很得当，可以说是个很绅士的人。从小学到大学，再到工作，我的成绩一直很优秀。在学校，我是同学们学习的榜样，领头羊；工作了，我是技术尖子，同事心目中的老大。我的人际关系很好，一切都很顺利，感觉自己也很完美。

你好：你很优秀嘛。出现你这种困惑的人其实很多，越是优秀的人越是容易肩挑重担，从而感觉来自事业的压力也很大，就容易导致一个人慢慢地感觉疲倦。

山那边：不，你错了。工作对于我来说，只是小菜一碟，目前还没有什么工作上的问题可以难倒我。

你好：哦？那你或许有其他方面的烦恼，影响了你对自己优秀现状的看法？

山那边：我想是的。但是我想你没有能力帮助我。

你好：为什么？不能帮助你，分担一下你的烦恼也好啊。

山那边：我不是怀疑你的能力，因为你，或者你们全部加在一起都不能改变社会。有些现实是心理学所不能改变的。

你好：心理学当然不是用来改变社会的，但是在一段时间内帮助你改善情绪，渡过难关还是有可能的。我很好奇你对社会的看法。

山那边：对社会我没什么看法。一下班，回到家里，我就觉得自己换了一个人，心理变得极度忧伤。

你好：回到家应该放松才是啊？

山那边：我怎么能够放松？你知道那么多人间的不公平、社会的阴暗、弱者遭遇的不幸吗？你说，面对这样的现实，我整天还得故作正常，怎么高兴得起来呢？

你好：那也是啊，换成是我也一样。那你从哪里看到的不公平？阴暗面？

山那边：某某报的《法制周刊》什么的。报亭到处都有卖。

你好：那好，我也去看看，如果真是有不幸的事件发生，你要相信坏人终会得到法律的惩罚。

山那边：……（发了一个疑惑的表情）

你好：我想你的问题是因为你的正直和坚强导致的。一方面，面对社会上的问题你愤世嫉俗；另一方面，你又不能在工作场合发泄你的愤怒。作为单位骨干，你必须处处给人以光明的印象。正所谓“盛名之下，其实难副。”做好人，做能干的人，确实不容易。

你好：我有事，先出去了，下次再聊。

心理咨询师“你好”故意中断了谈话。然后他去报亭买了几份“山那边”说的报刊。他发现，这些报刊都是打着某地一小报的周末版或增刊、专刊的旗号，上面充满了对凶杀、色情案件的“详细”报道，大篇幅的文章其实早已超出了新闻报道本身的需要，作者故意把很多暴力、色情犯罪的经过写得极其详细。说白了，这些就是赤裸裸的暴力、色情非法刊物！而“山那边”有着看报的习惯，可惜报亭给他提供的却是这些被人为扭曲了的信息。近墨者黑，长期受到道德冲击的“山那边”，心理难免出现矛盾、焦虑与压抑。

以下是3月中旬的一次QQ聊天，咨询者“山那边”与咨询师“你好”的QQ对话。

你好：在啊，你说的那些报刊我看了。

山那边：感觉如何？

你好：非常不幸地告诉你，你看的都是些非法出版物！我打了电话，原报根本就没出版什么《法制周刊》，新闻出版管理部门目前正在调查这些非法刊物的来源。

山那边：啊？

你好：社会并不像你想象的那样坏。这些非法报刊故意登出那么多犯罪细节，你觉得一份正规的报纸可能这样报道吗？

山那边：谢谢！你不说我还真的被这些垃圾误导了。我再也不看那些了。

你好：我推荐一些很不错的畅销杂志给你。

心理咨询师给出了一串好杂志的名字。

你好：做好人其实应该很快乐的，世界上的好人大多数都因为心地善良而活得健康愉快。

山那边：好啊，我怎么才能够活得愉快？

你好：其实这是方法的问题。每个人都有适合自己的方法。我介绍你看一部比较不错的电视剧，里面有好人、坏人和卑鄙小人，他们各有各的性格和做人的手法。

山那边：是什么？

你好：《亮剑》，现在很多电视台都在放，有时间你也可以看看。

山那边：听说过，我会去看的。

以下是4月底的某一天，咨询者“山那边”与咨询师“你好”的QQ对话。

山那边：《亮剑》快看完了。真好看。

你好：很好。

山那边：我很喜欢李云龙，虽然偶尔说粗话，但好像更使他有个人魅力了，有男子汉的阳刚之气。

你好：李云龙上级也会发脾气，相反有些表面文雅的人未必是英雄。

山那边：是啊。

你好：这就是中国的绅士精神。粗话不过是情感表达方式，不能一味拿来衡量道德，是吗？

山那边：有道理。

你好：如果是赵刚这个文雅的书生来带独立团，你觉得历史还会这样精彩吗？

山那边：肯定不行。你的观点很好，外国的绅士精神不一定适合中国。我平时太在乎个人形象了，以为什么都表现得温和就好，实际上别人可能以为我是病猫，认为我软弱、唯唯诺诺而没主见。

你好：那你今后会有所改变吗？

山那边：我已经改变了。我已经喜欢上用同事们常用的语言、语气表达自己的情绪了，特别是不好的情绪。

你好：用大家通用的语言，人家才更能明白你的情绪，也容易拉近彼此的距离。以前，同事们尊敬你，但你们其实可能并不亲近，交流也不是无拘无束，对吧？

山那边：是的。现在，他们业余活动开始邀请我参加了。

你好：真正的好人是活出来的，不是表面做出来的。只要心好，不要太在乎形式，否则你会活得很累的。

山那边：知道了。谢谢！

点评：一个从小到大表现都很优秀的人，因为一心放在学习与事业上，他可能也是涉世未深的，一旦步入社会，他未必能用正确的态度看问题，处理问题。文中的“山那边”可以说是有天真无邪的一面，在他看来，有知识和修养的人应该是脾气好，少抱怨，永远展示光明面的人。为了向人展示自己的“绅士风度”，他刻意注意使用文明礼貌的语言，结果却将很多消极的、压抑的情绪堆积在心里，而这些情绪没有得到及时的宣泄，久而久之就产生了严重的心理问题。非法报刊又误导了他对社会的判断。心理医生帮他发现问题所在，纠正他的错误，就是杜绝了不良情绪的来源。用《亮剑》中个性鲜明的人物来引导他，使他正确地认识到“绅士”真正的内涵，在内心不在外表，与时俱进，得用现代人的思想、现代人的语言，这样才能融入群体，适应现代社会。

你是一顶蘑菇

村里老王的儿子眼看就要大学毕业了，却没见他高兴。儿子毕业可是件好事啊，一来儿子毕业可以给他大大减轻经济负担，二来儿子挣了钱还可以孝敬他。但是老王却像儿子在高考前夕一样踌躇起来。老王叹道：“报纸上说现在大学生不好找工作，好工作没有，他看不上的工作却多。辛辛苦苦读了几年大学，人生的苦才刚刚开始，我怕他接受不了现实啊！”

老王除了种地，平时还种植了几种蘑菇。一日在菇棚里加水，看着嫩嫩的蘑菇从阴暗潮湿的培养基里长出来，老王突然有了一个主意，他决定给儿子讲一讲蘑菇的故事，提前给儿子的职业生涯打个预防针。

儿子五一长假回来了，老王特地把儿子带进菇棚，说：“香菇你吃了不少，可你虽是个大学生，但香菇如何长成的却不知道。”这么一激将，儿子来了兴趣，老王乘机给儿子讲起食用菌的种植历程来：把菌种植入菌袋后，香菇要在阴暗潮湿不见阳光的环境下成长一个多月，菌丝才能布满整个菌袋，这时菌袋被白色的菌丝完全覆盖，要再等上一个多月，等菌丝长成元基，才可将菌袋的塑料撕破，香菇一直要在阴暗的环境下生长很久才能长成真正的香菇。这人啊也像蘑菇一样，从大学毕业，就像从试管进入菌袋一样，你可能要在阴暗、潮湿的环境下遭受很多其他的微生物侵袭，见不到阳光，工作也许不会像你想象的那样美好。你要提前做好准备，不要一遇到困难就跳槽，坚持就是胜利。

儿子诚恳地点了点头。

其实老王讲的就是“蘑菇定律”。蘑菇定律是指涉世之初的人常常会被置于不起眼的角落，不受重视，干着端茶倒水打杂跑腿的事情，就像蘑菇的培育，甚至还要被浇上粪便，接受各种无端的批评、指责，得不到应有的指导和帮助，一切似乎在自生自灭。但只有经历了这一过程的人，才能坚强地成长为营养丰富的蘑菇，这个时候，你才能显示出自己的价值，也才能获得同事的认可，领导的赏识。这就是蘑菇定律，也叫做萌发定律。

蘑菇定律启示我们在某项事业刚刚开始的时候，需要遵循事物发展的一些规律：不要眼高手低，产生不切实际的幻想。最好是“做坏的打算，最好的准备”，这个准备是心理上的准备，保持良好的心态。包括吃苦的心态，和遇到挫折积极乐观的心态。

多干事，少说话，任劳任怨。因为对于一个新人的话，其他人未必愿意听。新人往往给人以“嫩”的形象，你的话没有权威，即使说得很正确，也可能没人注意，甚至引起其他人的不满。少一些锋芒，尽快适应环境，融入群体。人际关系对个人的成长很有帮助。

认真做好每一件小事，树立自己良好的工作形象。少一些抱怨，有了成绩不要沾沾自喜，多学习，多努力就会有成功的一天。

要出众离不开群众

有一个年轻人，很有抱负，人也勤恳，是积极上进的典型。可惜给大家的印象却不那么深刻。原来，年轻人很孤傲，不愿与周围的“凡人”为伍，更是瞧不起那些他认为本事、道德不如自己的人，因此独来独往，很少与他人打交道。虽然他自己取得了一些成绩，可惜鲜为人知。身边的亲人和同事都觉得他像个“透明人”，可有可无。

倒是年轻人的父亲很担忧，怕他这样与世隔绝难成大器。更主要的是担心他的婚姻问题，总不能一个人过一辈子吧。但是父亲知道儿子的脾气，有自己的主见又很倔强，一般的劝说很难深入他的内心。对别人的话他根本不屑于一听，总认为自己的想法才是真理。

父亲冥思苦想，打算采用更艺术化的方式教育儿子。

于是父亲给儿子讲了一则寓言故事：在古希腊神话中有一个大力士叫安泰，他力大无比，百战百胜。他的力量从何而来呢？来自于大地，只要他站在大地上就可以从地下汲取巨大的能量，因此无人能敌。他的敌人知道这个特点后，就想办法让他离开大地，用计把他举起来，在空中将安泰杀死。

在今天心理学里也有这样一个“安泰效应”。安泰效应告诉我们的是，一个人不能离开自己生长的土地，要依靠朋友，要依靠群众。对于一个社会中的人，他不能离开社会的大家庭，不能离开自己成功的条件和环境。

年轻人听了这个故事似有所思，但是仍然没有深入自己的内心。于是父亲继续提示他：

“土壤脏不脏？”

年轻人说：“肯定脏，而且还有不少病菌呢。”

父亲说：“你吃的大米、四季豆，都是从土壤中出来的。农民种这些粮食的时候，不仅要施化肥，还要将粪便作为生物肥泼进去。种庄稼的土壤脏，但种出的粮食你为什么还吃得津津有味呢？”

听到父亲的这番话，年轻人一时无语。

父亲说：“四季豆总不能说自己营养又好看而拒绝把自己的根插入脏兮兮的土壤吧？”

年轻人算是听明白了一些，说：“可是我的果子是自己结出来的，跟周围的群众没有任何关系啊？”

父亲说：“你说得很对，但是很肤浅。你看那些唱歌的明星，有哪一个敢嫌弃自己粉丝的平凡了？明星之所以出名，那是因为众粉丝的捧场；明星之所以有钱赚，那也是众粉丝乐意掏腰包。明星站在台上，还热情地与粉丝握手致谢呢！仅仅歌唱得好，抛开那些平凡的粉丝，那他就什么也不是。如果你有一天成为这个行业的专家，你的成果不让大众知道，不让大众受益，那么第一，你出不了名，大众都不知道有你这个人存在；第二，没人愿意用你的成果，你也就没有前途，你的发明就是无用的垃圾。

年轻人终于领悟到父亲话里的深刻意思。鲜花需要绿叶的衬托，平凡的绿叶却更有牺牲的精神：不仅衬托了鲜花的美丽，而且进行光合作用制造养分，维持植物的生命。

水没有鱼儿，依然是水；而鱼儿离开水就不能存活了。

剥花生和分遗产

这天，董事长和席先生聊起了自己当年如何靠85元钱创业的事，从创业谈到了事业、财富、遗产，说到“遗产”，席先生就缄默无言了。董事长笑了：“你有什么可忌讳的？人总是要老，总是会死的，死了后财产就成了遗产，这都是自然规律，无可讳言……我倒是很想和你聊聊分遗产的事。”

席先生说：“民间分遗产的故事很多——从前，有个财主，临死之前把三个儿子叫到床前……呵呵，一般都是这样开头的……”

董事长笑了笑，说：“我听说过一个‘剥花生分遗产’的故事，讲给你听听——

很早很早以前，有个聪明的老头，他有一笔财产和三个儿子，他想在临死前把财产分给最聪明的儿子，于是给三个儿子出了一道难题：分别给他们一背篼的花生，要求他们剥了壳后看看里面的花生米有几种颜色。老大老实，把花生背回家后就通宵达旦地剥起花生来，剥了一天一夜也没剥完；老二是个好吃懒做的人，回去后把花生往墙角一放就睡大觉去了；老三是个聪明人，他先从花生中分别选出了胖的、瘦的、长的、矮的，各式各样他都选出了一个，然后分别剥开，发现全都是红皮的，于是最先说出了正确答案，赢得了老人的全部财产。”

席先生极惬意地喝了一口浓浓的极品铁观音，回味了一下那清香宜人的茶味，说：“董事长，你这个剥花生分遗产的故事后来就流传了下来，不断地有人借用老人的方法去考验后代，于是又产生了新的故事，我来给你讲一个吧！”

故事一

在那以后的某个朝代，有一位身患重病的老人，他也有一笔财产和三个儿子，他想把自己的财产分给最聪明的儿子。他想起小时候读私塾时听一位先生讲过剥花生的有趣故事，于是决定用这个方法来考他的儿子。他让妻子准备了三背篼花生，然后把三个儿子叫到床边，老人用微弱的声音说明了比赛规则：无论用什么方法，谁先准确说出各自那背篼花生米的颜色，谁就可以得到他的财产。

三儿子最聪明，他最先来汇报：那背篼花生米全是红皮的。老人问他怎么知道的，三儿子说他去市场问了那些卖花生的人，他们都说本地只产红皮花生，白皮花生只有千里之外的地方才有，所以只可能是红皮花生。老人听了很高兴，觉得老三会进行市场调查，懂得经商之道，他满意地点了点头，让三儿子回去了。

二儿子是第二个来汇报的，他也说出了同样的答案。二儿子性情懒惰，他根本没去亲自剥花生，而是花钱请了十来个人，半天就剥完了。老人问他怎么知道的，二儿子毫不掩饰地说：“请人呗，干嘛自己动手！”老人听了，也点点头，让二儿子回去了。

大儿子呢，是个老实巴交的人，他回去后剥了三天三夜，终于把花生剥完了，他拿着剥完的花生最后一个来到老人那里，说出了正确的答案。老人一看剥光的花生就明白了，也点点头，让他回去了。

后来老人去世了，族里的人按照他的遗嘱，对遗产进行了这样的分配：大儿子分到了老人的土地，因为他能靠自己勤劳的双手养活自己，土地只有交给勤劳的人才不至于荒废；二儿子分得了老人的房屋和一小部分的钱，老人可能是怕他懒惰养不活自己，多余的房子可以出租，收点租金，也足以养活他了；三儿子呢，则分得了老人大部分的积蓄，老人是希望他经商，赚大钱。

对于这样的结果，三个儿子都比较满意，因为他们都得到了自己期望的东西。

董事长听到这里，久久没有说话，他沉思着。他在想什么？他是在惊叹那个老人的智慧？还是在思考自己将来的遗产到底怎样分呢？

良久，席先生对董事长说：“剥花生分遗产的故事还有呢。”他接着又开始讲了——

故事二

再后来的某个朝代，又有一位老人想把自己的遗产分给三个儿子，他想起了远古那个剥花生的故事——当然，他听到的是那个最原始、流传最广的版本。老人觉得这个方法很好，便让老伴去准备了三背篼花生。接着，三个儿子被叫到床边，老人用颤抖的声音说明了比赛规则：谁先说出那背篼花生米的颜色谁就可以得到他的财产。话刚说出，老人突然又有了一个念头：万一三个儿子也听过类似故事，这个办法岂不失灵了？于是他问：“你们有谁听过一个剥花生看颜色的故事？”

其实，他的三个儿子都从别人那里听过这个故事，大儿子老实，正准备张口回答，却被机敏的老三抢先一步：“没有听过，我们三个都没听过。”然后，他给老大、老二递了个眼神。老人听了，“嗯”了一声，然后就叫三个儿子剥花生去了。

最先来回答的是老大，他对老人说：“我这背篼花生米全部都是红皮的。”

老人惊讶地问道：“你怎么这么快就知道呢？”

老大回答道：“我从里面分别选了胖的、瘦的、长的、矮的，发现它们都是红皮的。”

老人心里一个“咯噔”，他疑惑地问：“你是怎么想到这个方法的？”

老大老实地回答说：“我、我听人家讲过一个故事，故事里的人就是用这种方法知道的。”老人笑了起来，然后叫大儿子回去了。

老二是第二个来的，他是一个好吃懒做的人，他回去后留了一部分花生自己吃，其余的都就近卖了，又用卖得的钱买回一些补品，然后拿着补品来到老人床前。

老人问：“花生的颜色是什么？”

“花生的颜色？好……好像都是红色的。”老人一听，便知道是怎么回事了，他摆了摆手，让老二回去了。

两天后，老三来到老人的身边，老三是个聪明人，他回去后也把胖的、瘦的、长的、矮的各选了几个出来剥，发现都是红色的。但老三比老大多长个心眼，他想，这个故事应该很多人都知道啊，要是父亲有所察觉怎么办呢？总要想出一个与众不同的新点子呀！于是，他抱着试一试的心态又剥了些花生，果然发现还有极少极少的白皮花生。老三警惕起来了，为了防止其他情况发生，他悄悄喊了老婆、孩子一起剥花生，花生剥完，竟然还发现了另外一种颜色：黑色，那是花生存放不当而发生了霉变。老三带着三种颜色的花生来到老人身边，老人听了老三的答案，高兴地笑了起来。“老三啊，你平时爱耍聪明，什么重活都是让老大干，什么好处你都变着法子占，可今天你终于做了一件让我非常满意的好事啊，你是唯一说出正确答案的啊！记住——要老老实实地做人，偷奸耍滑是行不通的。”老三听到老人的赞扬，心里高兴极了，心想：遗产该都是自己的了！

老人死后，遗产分配方案终于公布：懒惰的老二获得了全部遗产的三分之二，剩下的则由老大、老三平分。老三感到非常委屈和不解，明明是自己回答得最正确啊！

族里的人说，老人这么分配遗产，是因为老大凭自己的实在、老三凭自己的聪明，都不会饿死街头。他希望三个儿子以后个个生活得安稳、幸福，而懒惰的老二是他最担心的一个儿子，如果老二也能像老大、老三那样安定地生活，他也就走得安心了。手心是肉，手背也是肉，三个儿子老人都疼，这也是老人作为父亲对儿子最真挚、最单纯的爱啊！

后来的后来，人们分遗产的方式也丰富多样了，老人会根据主观、客观的各种因素作出自己的分配，已经很少有人再使用剥花生的方法来考人了。

第五章

趣味心理

越买越多

购买东西需要遵循什么原则呢？说不准你就陷入圈套，越买越多，造成过度消费。

18世纪有个哲学家叫丹尼斯·狄德罗。一天，一位朋友送他一件做工精良的酒红色睡袍，狄德罗喜欢得不得了。但是当他穿着睡袍在房间里走来走去的时候，却发现周围的一切跟自己是那么的不协调：地毯过于粗糙，灯光也不好，家具的颜色也跟睡袍颜色不和谐。于是他花了大量的钱更换地毯、灯具和家具。但是当他穿着睡袍站在焕然一新的房间里时，却后悔了：为了一件免费的睡袍，他付出的代价实在太高了。

后来人们把这种心理现象称为“狄德罗效应”，意思是说，你接受了一样东西或者观点，你就会为此购买更多配套的设备，或者改变很多观点和做法。启示人们，必需的东西才去购买，奢侈品往往使人过度消费。

在现实生活中也是这样的。有人买新房，计算要花多少钱。新房钥匙拿到手了，需要装修，这才考虑装修的费用，又是一大笔。装修完了，还得买新家具新电器，总不能把破旧的家具搬进崭新的房子吧。于是购买家具、家电也花了不小的一笔钱。等到住进去之后，你还会继续发现又有新的配套设施需要购买。

现在不少商家，也在巧妙地利用人们的这种心理大搞促销。例如购物就赠送消费券，消费券可以代替现金使用，但是却不能直接换得现金。为了不浪费商家赠送的消费券，你会尝试再去购买一些东西，把消费券用了。但不少代金券都是50、100的整数，而商品的价值往往超过这些整数，差额的部分你不得不用现金补上。于是，顾客的消费额又不断上涨。

还有的珠宝店，免费向顾客赠送珍珠，但是单颗珍珠怎么用呢？你得频繁地光顾珠宝店，以获得更多的珍珠。当珍珠还不够穿成一条项链时，你不得不去再购买一些。待珍珠筹集够了，你得串起来啊，穿的金丝线，给珍珠打洞的费用，那可不是免费的哦。你可能会因为几颗小小的珍珠付出比珍珠本身价值更高的相关费用。

哲学家苏格拉底就挡住了这样的诱惑。一天，学生告诉他，集市在搞商品展销，衣食住行样样都有，还有赠品，如果他去看了，一定会满载而归。

第二天上课，学生问苏格拉底收获如何。苏格拉底回答道："我确实有一个重大收获，那就是明白了世界上原来很多东西虽好，但我却不需要。当人们在为幸福生活添砖加瓦的时候，幸福却在离他们远去。真正的幸福生活往往很简单，需要的东西一个不要少，但不需要的东西一样也别多。"

看来只有理智和认真地思考才能帮助人们避免陷入狄德罗效应的危机。

颜色的心理作用

人们穿衣佩饰，首先讲究的是一个颜色。不同的颜色可以带给人不同的情趣感受，不同的人也会因为性格、心情的不同而偏好不同的颜色。不同的国家，不同的民族，往往还赋予颜色不同的象征意义，给颜色增添了更多的含义。一些医生甚至将颜色作为一种辅助治疗手段应用于临床。颜色作用于心理，主要通过视觉—神经的途径发挥效应。

那么颜色到底可以对人的心理产生什么样的效应呢？综合科学家的研究，已经探明的如下：

绿色，代表环保、和平、生命和希望，有无公害、无污染的意思。“红灯停，绿灯行”，“绿色通道”代表允许执行某一特定的行动。大多数人都能通过绿色感觉到舒适，因为绿色具有镇静、缓解视力疲劳等功能。同时绿色对紧张、焦虑、抑郁的心理状态具有一定的缓解作用。

但是全面使用绿色背景并长期处于绿色环境之中也并非好事，绿色也可使人产生冷清寂寞的感觉。

蓝色，具有平静、严肃的意义，是科学、永恒的象征，属冷色系。蓝色纯净，容易使人联想到海洋、天空。蓝色能够表现出一种冷静、理智、安详与广阔，让人遐思。蓝色具有调节神经、镇静、安神的作用，在治疗烦躁失眠、降低血压、预防感冒时可以起辅助作用。戴蓝色眼镜出行，可以预防晕车、晕船的症状。

黄色，可以给人以轻快、透明、辉煌、充满希望的色彩印象，是一种象征健康、阳光的颜色。在古代，黄色是一种贵族象征，因为黄金的原因，黄色是帝王才可以使用的颜色。黄色有稳定情绪、增进食欲的作用，也被用于放松肌肉紧张、松弛神经及改善血液循环。黄色是色谱中令人愉快的颜色，有些青少年用的报刊书籍采用偏黄色的纸张，用以保护他们的视力。很多花朵和果实都是黄色的，给人以美感，并增进食欲。

橙色，代表明亮、温暖、华丽、欢乐、辉煌，能使人产生活力，诱发食欲；也代表着健康、成熟与幸福，是很多妇女们喜欢的装饰色。橙色使人联想到金色的秋天，丰硕的果实，是一种富足、快乐而幸福的颜色。橙色能启发人的思维，可有效地激发人的情绪和促进消化功能。

白色，象征着纯洁、清白，给人以明快清新的感觉。白色能帮助降低高血压患者的血压，维持正常的血压值。对于易怒的人，白色可以起到一定的克制作用。白色的食物给人以清洁可口的感觉，但单一的白色不会引起食欲。在西方，白色是结婚礼服的主要色彩，表示爱情的纯洁与坚贞。但在东方，白色常作为办丧事的孝服的颜色。

粉色，代表着温柔、娇柔、可爱、甜美，代表女性、青春和爱情，代表优雅和高贵的风度。深粉色表示感谢，粉红色代表了稚嫩、柔弱、美好的回忆。粉色能使人的肾上腺激素分泌减少，降低愤怒的程度，使人情绪趋于稳定。

红色，代表吉祥、喜气、热烈、冲动，代表鲜血、烈火、生命和爱情，是一种刺激性较强的颜色，它给人以激情，使人兴奋。适当的红色可以增强记忆力。英国科学家对奥运会上运动员的服装颜色进行了研究，通过数据统计分析发现，穿红色服装的摔跤手击败穿蓝衣对手的次数明显要多。红色可以刺激神经系统和改善大脑功能，激发人的朝气，令人思维敏捷，因而适宜于运动场所。但是长期处于红色环境中，也会使人暴躁不安。

黑色，在西方文化中，一般代表贬义，如：黑色的日子，“黑色的星期五”，表示悲伤、忧愁的日子。黑色在绘画、文学作品和影视作品中常用来渲染死亡、恐怖的气氛，人们常穿黑色衣服参加葬礼。但黑色也有积极的意义，黑色的时装给人以稳定、庄重的感觉。黑色具有清热、镇静、安定的作用，对激动、烦躁、失眠、惊恐的患者有效。穿着黑色西服的男士无疑显得庄重而帅气，适宜出入各类正式场合。

灰色，一方面代表颓废和失望；另一方面灰色也代表了包容，表达一种淡然、随和的心境。但对于健康没有明显的影响。

紫色，代表高贵、权威、优雅、柔和，也代表高贵纯洁的爱情。紫色也代表人内心不安。蓝紫色代表孤独，献身。红紫色代表神圣的爱情。深紫色代表迷信，潜在的不幸。紫色让人沉思，给人以宁静、镇定的作用，可以调节人们混乱的思绪。

此外，赭石色有升高血压的功能；琥珀色具有安宁的作用；棕色能促进细胞的增长，使手术后的病人更快得到康复。

不同的颜色具有不同的心理调节功能，但往往需要多种颜色合理搭配才能带给人更多舒适的感觉。

美妙的错觉

著名诗人白居易在《琵琶行》中对琵琶的声音如此描写道："大弦嘈嘈如急雨，小弦切切如私语。嘈嘈切切错杂弹，大珠小珠落玉盘。间关莺语花底滑，幽咽泉流水下滩。水泉冷涩弦凝绝，凝绝不通声渐歇。别有幽愁暗恨生，此时无声胜有声。银瓶乍破水浆迸，铁骑突出刀枪鸣。曲终收拨当心画，四弦一声如裂帛。"

白居易用急雨声、珠落玉盘声、幽咽泉声、银瓶破裂声、刀枪相击声、裂帛声来形容、比拟琵琶的悦耳之音。用我们正常的思维来看，作者定是出现了错觉，甚至还有大量的幻觉。但是，这样的错觉却产出一篇流芳百世的佳作。

错觉往往是有害的，但是在文学艺术中，可以给人带来美好感受的错觉，人们则以一种科学的，包容的心态接受了它，并命名这一现象为“通感效应”。大脑对事物的认识，往往是多个器官联合发挥作用。例如对鲜花的认识，就包含视觉、嗅觉；对果实的认识还包括味觉。所以视觉、听觉、嗅觉、触觉等多种感觉可以相互联通、交汇。由于对同一事物引起的感觉汇总到大脑时，可能产生相同的感受，这就为“错觉”的产生埋下了伏笔。例如你看到苹果，嘴里就可能有了苹果的味道；听到故人的声音，眼睛里仿佛就出现了他的笑容；还有的人看到花朵，便想起了美人的面庞，看到洁白的云彩就想起了美人所穿的衣裳。所以就有了李白的千古绝唱“云想衣裳花想容，春风拂槛露华浓。若非群玉山头见，会向瑶台月下逢。”

著名散文家朱自清的名篇《荷塘月色》就巧妙地使用了通感的手法。例如“微风过处,送来缕缕清香，仿佛远处高楼上渺茫的歌声似的”，这里把嗅觉转化成了听觉，那种荷花的清香也许跟音乐带给人的享受是一样的。再如“塘中的月色并不均匀，但光与影有着和谐的旋律，如梵婀玲上奏着的名曲”，这是把视觉当成听觉来描述了。这样的写法，给予读者很大的享受空间。

通感在包装业上也常被用到，例如食品包装上有关原料和成品的图片，可以让人产生食欲。在各种各样的广告中，商家常常用美女明星打广告，以期美女给人的感觉能够转移到商品上，使人情不自禁地产生购买使用的欲望。

在人们日常的生活中，通感也无处不在。例如在冬天，我们看到太阳就觉得温暖，在炎热的夏季，看到太阳则会觉得燥热烦闷。这是把视觉转换成了触觉。又如“热闹”与“冷清”，前者给人温暖感觉，后者则有凉飕飕、空旷的感觉。夏天穿着浅色青衣，给人清凉的感觉，冬天穿着红色服装则给人以温暖的感觉。颜色似乎有温度，声音似乎有形状，图形似乎有味道……不一而足。

面对疼痛坚强点

一位朋友向我抱怨他的牙齿痛，吃了三天的药，不但没有好转，反而更加严重了，怀疑医院是不是在卖假药。原来数天前他吃排骨时，不小心刺破了牙龈。刚开始还没觉得什么异常，第二天就觉得牙龈有明显的异物感，用舌头一舔，发觉起了个小泡。虽然不痛，却总是有异样的感觉，让他感觉很心烦。渐渐的，小泡开始疼痛起来，而且体积也增大了，惊慌之下他来到医院就医。医生开了三日剂量的西地碘片等药物。但是吃了药却未有明显的好转，反而疼痛加剧，先是吃饭吞口水痛得厉害，后来连说话也痛得难受。药吃完了，病情反而更加严重，饭不能吃，话也不能多说，心情非常压抑、焦急。于是问我有什么特效药没有。

听了他的遭遇我感到很奇怪。口腔损伤往往不用治疗就可以自行愈合的，这是因为唾液中含有溶菌酶、免疫球蛋白A、硫氰酸盐、乳铁蛋白等，这些都有杀菌和抑菌的作用。在没有任何消毒药时，唾液也可以拿来外用对伤口消毒。而且，类似的问题我自己也遇到过，但没他说的这么严重。仔细一分析，我开始怀疑是他的心理在作怪：一是他性情柔弱，对轻微的疼痛很敏感，心理承受能力低；二是对疾病的无知导致其对疾病的恐惧心理，可以看出他有明显的抑郁心理；三是多疑，对医生的医嘱不信任，怀疑药物有假。以上因素综合影响他的心理健康，使他对牙痛越来越反感和恐惧，心情极度的压抑。

现代医学认为，“身体—心理”因素可以相互影响。身体的病痛可以导致抑郁的心理，而心理的状态则可以通过“神经—体液”调节作用降低或提高机体免疫能力。愉快的心情不仅可以提高机体的免疫能力，还可以降低痛阈，减轻疼痛感觉，改善患者心理体验。反之，抑郁的情绪则可能让人对疼痛敏感，进而形成恶性循环，加重病情。

于是我就用支持、鼓励的方法说道：“这么个小病，还吃药！去年春节我也是被骨头刺破牙龈，比你这个还痛。但是当时我想，满桌的大鱼大肉不吃，是不是很可惜？所以，我牙一咬，狠下心，牙齿它痛它的，我吃我的。只要你不去注意它，它一会儿就不痛了。我那个牙龈，不知不觉就好了。再说，你一个男子汉，坚强点！”我的话既有鼓励又有激将的成分。朋友听了开心地笑起来，说：“嘿嘿，你这么一说，我的牙齿还真没那么痛了。”朋友受了激励，痛感也大大减轻了，到第三天，肿块则全部消退。

后来，有同事遇到类似问题，我用同样的方法激励，均很奏效。

如今人们的生活、工作条件远比以前好，吃苦锻炼的机会也就少了，但同时也让个别人显得很脆弱，遇到一点点的挫折就担惊受怕，如临大敌。在疾病打垮自己之前，他就从内心让自己投降了。所以，面对挫折、痛苦，坚强就是最好的良药。

见死为何不救

某地发生了这样一件凶杀案:深夜两点左右，一歹徒入室行凶，杀死三人后逃离。其间被害人的惨叫声与物品坠落声至少惊醒了二十多户邻居。左邻右舍被惊醒后都亮开了房灯，甚至有人透过窗户看到犯案人作案的部分过程。但是邻居们竟无一人出手相助，更无一人及时打电话报警。而被害一家并未得罪过邻居。

面对凶案的发生邻居们为何见死不救呢？以心理学的原理讲邻居见死不救可以理解为利他行为发生受挫，这使任何人遇到类似情况都可能会伸不出援助之手。利他行为建立在利他思想上的，是指个人为他人带去有益帮助的思想行为。我们每个人都有利他思想和潜在的利他行为。但是由思想转变为行动往往会受到外部环境的制约。这些制约因素主要可归纳为五点：

一、救援情景模糊不清导致利他行为受阻。这是指当事件发生时，旁人并不清楚究竟发生了什么事情,以致将注意力转向了猜测、等待、观望上，并严重影响利他行为的发生。心理学家做过这样一个实验：让A、B两组被试者各十人经历同样的需要援助的事件，即某人“不慎”摔倒，并发出呻吟声。不同之处是A组仅仅在隔壁听见呻吟声，B组则看到了事件本身。结果，A组仅有三人前去救助，B组则全部发生了救助行为。由此可想而知，如果凶案发生在白天，有足够的路人看见，则歹徒不会那么容易得逞。

二、救援责任的分散。如果有许多人共同面对一件需要帮助的事件，则他们每个人都会这样想：有这么多人，应该有人去做，不会需要我去吧？同时观望他人出手去做。这就是责任的分散导致利他行为发生率总体下降。一个心理实验证明了这点：一个需要救援的情景预先设置,当被试者单独面对时往往会及时给予帮助；但当许多被试者一起面对时，帮助被给予的机会大大减少，而且人数越多，救援行为发生越少。上例凶案中，明显存在救援责任的分散，以致无及时的救援行为出现。当然也不是人越少越好，因为有些救援任务重、难度高需要多人合作才能完成，这种情况多人反而比单独一人的救援有效，而且利他行为更容易发生。例如美国“9·11事件”中，面对重大的灾难，现场有限的救援者由于巨大压力普遍会感到孤独无助、抑郁和焦虑，从而使救援效率下降。

三、对利他行为潜在的牺牲忧虑。利他的同时往往伴随着自身利益的损失，如阻止歹徒行凶，则可能付出生命的代价。利他时越是有巨大的牺牲，人们越会有更多的顾虑。反之，牺牲越是微不足道，利他行为越容易迅速发生。此外，人们在考虑付出的同时也会考虑利他行为的收获，如得到被帮助者的感激，社会的表彰等。较高的回报，可促使利他行为的发生。而且，还有一个现象，人们对利他的得失思考得越久，则利他行为发生的可能性越小。有人对大学生做过利他行为的问卷调查，要求完成回答的时间从几分钟到数小时不等，结果显示，思考时间越长，拒绝利他行为的几率越高。

四、利他行为需要的技巧因素。这是指需要援助者应尽量告诉他人具体的实施方法、方式。如果不知道该如何正确、具体进行救援，则人们的注意力分散，利他行为将会受阻。这不仅要求人们具备基本的应对突发事件的处理常识，也需要被救援者及时发出明确的求助、求救信号。例如某人与歹徒搏斗时，周围已聚积了不少围观者，此时他如果高呼“好心人快去报警”，“那个穿灰衣服的小伙子帮帮我”等，则容易得到及时、有效的支援。

五、生物因素对利他行为的制约。这是指当人被一些生物因素，如疾病、不愉快情绪、身体舒适度欠佳等缠绕时，利他行为会减少。例如一位女士抱着一叠书路过，“不慎”散落一地，被试者分别置于噪声与和谐音乐的环境下，结果后者环境中的被试者帮那位女士捡书的明显多于前者。

本文开篇的案例由于发生在深夜，人们刚从梦中醒来，头脑并不清醒，对突发事件的反应显得迟缓，利他行为的发生自然受到阻碍。了解以上影响因素，将有助于激发利他行为的产生，为共同营造和谐社会尽一份力。

每个人的头脑里都有一个审判官

为什么好人不慎做了一件坏事就会自责、内疚，甚至一病不起，而坏人做了坏事却还洋洋得意呢？这是因为我们每个人的头脑中都有一个个性的“审判官”，也就是你所接受的属于你的“行为角色”规则，你所做的事情符合这个角色，那么就容易心安理得；违背角色的定义，就会心有不安，自我审判，自我惩罚，例如心情低落、自责、害怕等。

在人类原始社会，文明尚不发达，那时人与人之间就出现了一些约定俗成的规矩，人人都得遵守，一旦违背就会遭到惩罚和报应。今天，我们头脑中则是充满各种各样形成文字、文件的法律、法规。教师要遵守教育相关法规，开车上路要遵守交通法规，等等。这些都是一个社会中的人所要遵守的。但是，除了这些明文规定外，不同环境的人，还受到一些不成文的规则的约束。例如在公共场合，不要大声喧哗、吸烟等。遵守公德，否则就会遭到他人的阻止甚至唾骂。但是，不成文的规则对人未必一定是好的，譬如某些行业的“潜规则”，演艺圈的潜规则，商业贿赂的潜规则等等，这些都是危害社会公平的不良规则。但是，无论什么规则，一旦你给自己在社会中扮演的角色一个定位，你的言行思想都会遵循与之相符的要求，否则大脑就会审判你，让你感到不安、恐惧、后悔等。

有一位妇人，对丈夫忠诚的做法可能很多人都接受不了：一个标准的家庭主妇，一年365天，天天洗衣做饭，打扫卫生，这很好。可是丈夫却对她不忠，花天酒地，赌博输钱。到最后，没有钱用，就想办法从她身上找钱。丈夫的不忠她都知道，可是她依旧尽着一个做妻子的责任，没有半点怨言。换了别人，怕是早就跟丈夫闹起来，甚至离婚了事。傻吗？不是的，原来这位妇人出生在一个充满封建思想的家庭，从小就接受的是三从四德的封建教育，在她的世界观里，男尊女卑，女的就该无怨无悔地伺候丈夫。

要解决她的悲哀，就得让她认识到自己的悲哀，认识到旧社会妇女的不幸，和当今妇女的权益与幸福。改变她头脑中对社会对世界的认识，也就是替换她头脑中的“审判官”，如此才可能出现一些新的气象。

要改变一个人的世界观，也是有许多办法的。一个信仰不坚定的人往往可能受私利的驱使背叛组织背叛民族。这是金钱的好处战胜了内心高尚的理想，好人可能成为坏人。而坏人呢，如果犯罪不重，尚可在教育的力量下迷途知返，否则就积重难返了。

这些都是特殊的情况，在现实生活中，我们可以根据角色行为的原理来影响周围的人，如父母教育子女，老师引导学生。

一是给需要改变的人头脑“充电”。补充科学文化知识，或打破旧的、迷信的、腐败的思想体系，或重建一个崭新的自我。科学家研究表明，大脑对新鲜的科学知识很感兴趣，青少年多读点自然科学的书籍，有助于他们形成科学的世界观和价值观，从而增强对事物的判断能力，端正自己的学习生活行为。比如，学文科的人如果太感情用事，就可以学习点理科的知识培养一些理性思维方式。缺什么就补什么，而不是针对错误行为本身去批判。

二是给被干预对象“委以重任”。例如一个不守纪律的学生就让他体验一下纪律委员的角色。家长、老师给予他积极的角色定位和期待，可有效地从外部来改变他头脑中的认识，让其遵守纪律，热爱学习，一步步朝着角色定义的方向发展。

三是针对人的错误言行给予惩罚、警告，就像违法犯罪要受到法律的严惩一样。不过这是事后的干预措施。姑息养奸，只有给错误火上浇油。合理的批评、惩罚可以使人迷途知返，回到正轨。

平静的大脑爱好刺激

报载：一酷爱看恐怖片的老总，每晚看后必疑神疑鬼，一点风吹草动即惊恐失色，以致人睡困难影响次日工作。渐渐地老总胆子也越来越小，甚至不敢外出与人交往。眼看自己的企业就要跨了，但老总仍四方收集恐怖片，乐此不疲，追求一番刺激后就是无限恐怖的生活。记者就恐怖片问题又随机采访了一些路人，结果大多数被访者都称热衷看恐怖片。原因很简单，就是“觉得挺刺激”。而在各大影碟出租店，恐怖片的租借率也是相当高的。

为什么今天的人们那么喜欢追求刺激体验呢？简单地说就是平静的大脑爱好刺激。

大脑追求刺激的医学原因为维持大脑自身及其所辖躯体的健康。刺激指大脑对环境产生的一种情感反映。平淡无奇的生活以及长期从事单一的工作，单一的刺激使大脑的敏感度逐渐减弱，大脑处于相对平静的环境中，许多功能因得不到运用而受到抑制，大脑逐渐退化，如思维能力、理解力、记忆力的下降；同时影响到激素的分泌，导致一些心理和生理疾患。科学家曾用两组羊做过这样的实验：一组时刻面临狼群的威胁，另一组没有任何威胁，仅作对照。结果前一组在奔跑速度、应急反应、幼羊存活率等方面都明显高于第二组。大脑获得足够的刺激还能够增强免疫能力。战争期间，受伤的士兵在死亡威胁的刺激下产生强烈的生存欲望，他们对疼痛的忍受能力与他们伤口的愈合速度均高于非战争时期。而科学家也发现了这样一个现象：在某高原上生活着一支与世隔绝的长寿部落，虽然生活单调，食物也不充足，而他们的平均寿命都在100岁以上。但科学家进一步研究发现这支部落的人智力普遍较低，血液中的免疫蛋白也明显低于常人，把他们请到城市生活反而容易染上多种疾病。他们的长寿仅仅因为高山清洁的环境。

刺激体验有利于自身健康，但是大脑并非知道这个道理才去追求的。大脑主动追寻刺激的原因多为摆脱由于单调刺激引起的躯体与心理不适，提高生理舒适度。即是出于一种本能的需要。也由于此，大脑在寻求刺激时往往缺乏科学的判断，以致刺激效率不高，甚至产生有害结果。因此，了解与刺激相关的科学原理，有助于高效地获得健康刺激。

大脑通常对三类刺激感兴趣。

一是未知信息的刺激，如奇闻逸事、科研发明等。二是生理性刺激，如味觉感受美味食物，耳朵享受动人音乐，触觉感受冷热等。三是与人们现有刺激相反的刺激。例如忧郁的人突然听到好消息；衣食无忧、生活美满的人总是热衷看悲情电视节目；处于和平年代的人对战争题材作品的热爱等。

这些刺激主要通过两个途径发挥效应：一是直接刺激，如声响通过听觉系统转化为电信号上传到相应大脑皮层产生效应；二是一定的直接刺激引起大脑产生思维活动获得更多更强烈的信息，使刺激增强。刺激是把双刃剑。刺激过大或者刺激负面影响较大的则会导致不良后果，称为不良刺激，应予分辨和避免。例如：声响刺激过大使听力丧失；受到惊吓引发心脏病而亡；看恐怖片却留下了胆怯等心理疾患等等。此外，刺激还具有心理成瘾性。一是对某种刺激选择性成瘾，如对网络（包括网络游戏、QQ聊天等）的成瘾，虽然心理成瘾机制与鸦片等毒品不同，通过适当的心理干预即可戒除，但一旦停止与网络的接触，就会导致一些心理不适现象，如烦躁、抑郁等，并在一段时间内影响正常的工作、学习。二是对刺激体验成瘾，即为获得更多更强烈的刺激体验而不断寻找刺激源，其间伴随着对已体验刺激的厌弃。犹如机体耐药性产生，需加大剂量或更换新药才能奏效。当然，也并不是所有成瘾的刺激现象都会带来不良影响，例如对饮茶、看幽默片等健康活动的成瘾，热爱学习的学生不断搜寻难题挑战自我等等。

什么才是符合科学的有益刺激呢？符合科学的有益刺激其实就是要求刺激源具有健康积极的作用，接受刺激时应运用科学原理避免刺激中的不良因素以及采用科学原理避免一些不良刺激的发生等。

健康的刺激源有：

①科学知识刺激。这是首先值得推荐的，因为人脑在新鲜知识的刺激下会变得更聪明、灵活、富有创新能力。各种知识对大脑都具有明显的刺激作用。例如：天文、医学、军事、考古发现等，其涉及的学科范围极其广泛，丰富的科学知识能够源源不断地满足人们的求知需要。科学知识的获取途径多种多样，比如各种科普期刊、学术期刊、网络、新闻报道等。科学知识对大脑的刺激主要通过思维活动认知后获得，刺激程度往往强烈，长期接受有益无害。

②感官刺激。这是指以听觉、味觉、触觉、视觉等为直接刺激的刺激源，其刺激程度往往较为温和，不易成瘾。如流行歌曲、美味食品、风景名胜、中医推拿按摩、场面壮观的影视作品等。这些刺激的主要作用表现为对心理状态的调节，维持心理健康。

③体育运动刺激。体育运动的刺激方式主要有两种：以体力消耗为主的体能锻炼和以技巧为主的技能运动。前者如跑步、游泳等，作用是刺激大脑加强脑啡肽的分泌，该物质具有产生欣快感以抗抑郁心理，减轻躯体疼痛，增强机体免疫能力等多种功效；后者如各种球类等器械运动，作用是刺激大脑右半球，有助于提高人的抽象思维、空间想象等能力。

④智力活动刺激。如学生完成作业、考试等即属此类。其

刺激主要通过思维活动解决学习、考试任务获得。其首要作用是使大脑变得更加聪明并不断获得成功的愉快体验。但这类刺激需要不断成功才能得以长期维持，学习、考试的成功使大脑产生成就感，有助于营造积极、健康、向上的心理状态，否则学习挫折增多，厌学情绪产生，可能会影响心理健康。

以上有益刺激来源可以结合运用，相得益彰，如体育运动与智力活动的结合。也有互不相融的情况，如过度沉溺网络或影视而导致学业荒废等。

此外，还有一类刺激是具有副作用或者被道德和法律所禁止。虽然它们明显存在不良影响，但却已经存在于许多人的现实生活中了。

①恐怖片刺激。人们在观看恐怖片后往往产生恐惧心理，其原因是虚拟的恐怖意识由于节目的结束而突然转移到现实中来，这是思维迁移的作用。所以观看时宜注意：与多人共同观看，分多次看完，边看边进行心得交流，看完后应看点轻松的影片或做点其他事情阻止恐惧思维的迁移。

②其他不良刺激。例如婚外情、变态的性刺激追求等。这类刺激的发展只会给自己的人生、家庭、健康带来不幸。其发生原因主要是平淡生活中或心理异常后首先接触到了错误的寻求刺激的观念。保持健康的刺激生活有助于杜绝这类现象的发生。

植物也有感情

植物有心脏吗？没有。植物有大脑吗?也没有。植物有感情吗？这还确实有！

最早在美洲印第安人部落，他们有一项传统的仪式：每当玉米要结出棒子的时候，年老的妇女就会到玉米地跟“玉米妈妈”亲切交流，用几乎商量的语气和玉米们说话。大概说些这样的话：让你的孩子，玉米种子们养活我的孩子吧！我也要让我的孩子养活你的孩子，并且要让我的孩子世世代代都种玉米。以期达成友好共识，让玉米高产。

这看似迷信的人与植物交流，人敬畏植物的现象，如今科学家已找到了答案！

巴克斯特是美国中央情报局的测谎仪专家，从政府退下来后他办起了美国第一所测谎仪培训学校，并潜心钻研测谎仪。20世纪70年代，一个偶然的灵感，使他对植物产生好奇：他想知道浇灌植物后，水分多久才能到达植物的顶端。而他的测谎仪却可以进行这样的监测。这样一个偶然的机会，他发现植物可以引起测谎仪的电流变化，就像测谎仪监测人体皮肤一样，通过电流的变化判断人们的心理活动情况。

于是巴克斯特开始饶有兴致地做起一系列证明植物有非凡感情感知能力的实验——

巴克斯特划燃火柴，渐渐靠近植物叶片时，测谎仪记录的线条出现了明显的变化，并随着火柴的靠近而剧烈地摆动起来，就像一个人害怕时出现的情况一样。

巴克斯特当着植物的面，将几只海虾放入沸水中煮死，植物能感受到明显的死亡刺激。他先后改进实验，排除人为的干扰，用多种植物做测谎仪实验，结果还表明，一种植物感受到死亡刺激，能及时地将这种刺激传递给附近没有看到海虾放入沸水的植物。证明植物之间能够通过某种途径进行交流。在无人的环境中，巴克斯特将植物与蜘蛛放在一起，结果每当蜘蛛开始行动，植物就出现明显的信号变化。

苏联科学家维克多—普什金也对植物做了一个实验。他将一个人的手跟一盆植物的叶子连起来，然后通过语言来改变这个人的情绪，电脑仪器则分别监视人和植物的情绪变化。结果，当人开心或悲伤时出现的记录线条，植物也同时出现类似形状的记录。而且当人非常高兴的时候，植物还能竖起叶子，舞动花朵；当人在寒冷中发抖的时候，植物也整株颤抖起来。

多位科学家先后对植物的情感研究发现，植物具有特殊的分辨能力，能够监测到人类细小的心理活动，甚至可以判断出人是否在撒谎。巴克斯特做过一个植物分辨“破坏者”的实验，让损坏植物的破坏者跟其他无辜者戴着面具出现在植物面前，只有破坏者出现并靠近时，植物才出现强烈的“情绪反应”。

巴克斯特的研究结果引起了全世界很多科学家的兴趣，他们对不同植物进行了丰富的实验研究，都证实了植物确实有特殊的感情感知能力，甚至有科学家还研究出人类与植物感情交流的特殊设备。

植物除了这些“特异功能”外，还很具有“音乐细胞”。一位喜欢拉提琴和放音乐的科学家，总是坚持在自己小花园里拉提琴，放唱片，无意中他发现自己花园的植物要比邻居的植物长得茂盛。当然他并没有额外施肥，这些植物与邻居花园的植物在生长条件，如阳光、雨水也是一样的。所以，科学家开始继续研究植物与音乐的关系，他们发现植物喜欢听音乐。法国科学家将耳机套在一个番茄上，让它每天“欣赏”三小时的音乐，结果这个番茄竟长到2.5千克，创造了世界纪录。科学家用超声波培植蔬菜，蔬菜在超声波的“乐曲”声中“闻歌起舞”，生长速度增加一倍以上。此外，超声波处理过的种子，发芽率和发芽速度都提高了数倍。

后来，科学家不断研究发现，植物喜欢听贝多芬的音乐，这些舒缓、抒情的音乐可以大大地提高农作物的产量，结出超级大的果实。但是植物却不喜欢听摇滚，摇滚对他们来说就像噪声，听多了就会死亡。

一些伐木工人也有类似的经历，砍倒一棵树后，这棵树周围的“邻居”相继开始枯死，似乎是因为对“朋友”的遇难哀伤过度而死的。

植物是地球的肺！它带给人类氧气，吸收大量有害人类的废气，是人类的保护神。而作为人类，我们有义务把植物当朋友一样对待，保护植被，植树造林，植物是能够体会人类的“良苦用心”的。

昆虫也有心理

这是笔者很小时候的一个亲身经历。

我家门前跨过一条小河就是一片稻田。一次，在田埂上玩耍时，我发现一棵低矮的桑树上停着一只淡绿色的小螳螂，一粒葡萄干那么大，小巧的样子很是可爱。小螳螂好奇地抬起头看我这个庞然大物。我发现这只小螳螂有个特别之处：就是他的右翅中间有一圆形的黄色小斑点，仿佛胎记一样，增加了它的特色，也因此让见过它的人难以忘却。

不久之后，我惊奇地发现，我们家对着稻田的阳台上的花盆里，也有一只右翅有一黄色圆点的螳螂！这不正是我那天偶遇的那只吗？只是它略微长大了一些。我心里满是激动，想不到他还会“投奔”我。于是我每天放学回家给花浇水，都要特地去找找他在哪片叶子上。幸运的是，这只螳螂似乎一直都在。

夏天过去了，秋天快来了。没有害虫的花盆，已无法满足长得像手指大的螳螂的日常饮食了。于是它开始飞向了对面的稻田，偶尔才飞回花盆故地重游。一次我来到早已收割的稻田，刚刚走到那棵小桑树旁时，突然一阵“呼呼呼”扑哧的声音传来，透过余光我看见一个银白的东西降落在桑树顶上。一看，很吃惊，竟然是那只右翅有一黄色圆点的螳螂！我驻足看起来，它已经老了，那青绿的身体已经变成了银白色。那点圆形的黄斑，也因他体型的增大而变大。我低头像远方遇故友一样看着它，它也抬头看着我，前爪还不时比画着，像是表达着什么信息。它扑翅飞来，仿佛是特意跟我打招呼。我们相互看了一会儿，我便走开了。从此以后，我再也没有见到那只螳螂。

这段儿时的奇遇一直保留在我的记忆里。因为它让我产生了强烈的好奇：昆虫也像人一样有感情吗？后来，接触了心理学，才发现，心理学的研究主要针对人，虽然动物也有心理，有情感，但未发现有研究昆虫心理学的。直到最近，我再次回想起这个故事，便去查了查生物学的研究文献。文献不多，这么多年仅有两条：一条是美国乔治敦大学的道格拉斯·布莱斯顿教授通过研究证实昆虫从小就有记忆，这个记忆靠昆虫简单的神经系统完成，跟昆虫的大脑也有一定关联；另外一条就是美国普陀大学的Murdock教授的研究，他研究的是植物对昆虫的神经影响，并使用了“植物对昆虫的心理操纵”作为题目。

由此可见，昆虫也有心理感应。只是它们的心理世界相比于人类要简单得多了。不同的昆虫的心理感应能力不同，如果人在适当的时候跟它们有足够时间的接触，是可以建立人类与昆虫之间特殊的情感的。当然，这种感情不一定是友谊，也可能是敌对、惧怕等等。

第六章

心理知识问答

当死神在附近

我们医院的张大夫在医院工作已有二十余年了，但是最近一次医院体检中，她的两位同事被查出患有肿瘤疾病，而前不久自己科室的主任因急性心肌炎死亡。在这样一个与死亡接触频繁的环境中，张大夫十分担心自己也会长肿瘤，总觉得身上有地方不对劲，看见刀就想到血，而且自己无法停止这样的联想。她该如何摆脱这样的困扰呢？

读者：小蓝

其实这是典型的疑病症。患者往往受到某种病痛、死亡的刺激，而开始担心自己是否也患有该病。表现为过分担心自己的健康，害怕死亡。继而可能出现“心理—生理”反应，例如周身不适，并以头、颈、腹部不适居多。自然还伴随有焦虑、忧虑、恐惧等现象。

对策：

一是帮助患者认知疾病本身，通过了解疾病消除心里的莫名恐慌。例如分析两位患有肿瘤的同事为什么会有肿瘤，这就有可能跟不健康的生活习惯有关。例如抽烟、喝酒、生活无规律、缺乏运动等。至于因心肌炎而去世的主任，让她想一想为什么会这样。很有可能是因为身居要职的主任每日应酬很多，难免饮酒过度；或者这位主任工作认真负责，工作量过大，经常废寝忘食地工作，以至积劳成疾。如果她有跟死者类似的地方，则建议立即改正，身体即可平安无事。

二是针对她的担忧进行详细的体检，用事实说话，消除不必要的忧虑和猜疑。

三是帮助其改善生活质量。如从营养学角度进行饮食指导，同时建议她参加健身俱乐部，每天都去锻炼一小时。并且用事实或调查数据告诉她合理饮食、经常运动对身体的好处。

四是可以做一些暗示性的治疗。例如针对她身体的一些问题，如皮肤不好，头发发黄等，建议其吃一些复合维生素、微量元素片，具有保健功能的中成药，或者建议适量服用补益类中药。可有意夸大这些药物的效果，稳定其情绪。

五是及时进行心理调节。例如休假一段时间，旅游、登山、钓鱼等。同时，可以用鼓励的方法，看一些励志、振奋人心的电视剧，培养多方面的兴趣爱好，使之逐渐淡忘疑病情绪。

随着年龄的增长，尤其是进入老年期，由于生理功能的退化，人的身体难免出现这样那样的问题，这是正常现象，属于自然规律。但是有不少文化素质较高的老人，一旦自己患上一种疾病，即使只是一些症状，便自己对照着一些报刊书籍进行比较分析。这种情况下，受暗示的影响，只会是越比越像，进而表现出高度的敏感和紧张，并周而复始地为莫须有的症状感到焦虑、恐惧不安，影响了自己的正常生活。

消除疑病情绪，应从患者的内心深处和人的生理特征入手，运用亲切的关怀、同情而又通俗的语言来说明精神与疾病的关系，实事求是地解释病情，使恐惧的情绪逐渐弱化，最终解除心中的疑虑。

不良情绪该向谁倾诉

一位朋友近来见面老是谈起他们单位领导换了，说新上任的领导如何无情对待前任领导的旧部。本来，朋友见面可以谈些轻松愉快的话题，听他这么一说一叹，我也跟着叹息起来，好好的心情一下就没了。尽管我极力开导朋友看开些，但是见面仍然免不了听他诉苦。后来我仔细反思，发现也许正是我顺着他的期望开导，才助长他不断地倾诉。其实，他只是一个职员，高层领导变动对他根本就没有什么太大影响。倒是他办公室的主任感觉自己似乎受了什么委屈，便一得空闲就向他倾诉起自己的遭遇。主任倾诉完了，结果自己的下属却开始背起沉重的心理包袱。这位朋友心理压抑着，也迫切需要找人倾诉，于是我就成了“接班人”。每次当他倾诉完毕，他的心情倒是轻松了，我却沉重起来。于是在一次见面时，我斩钉截铁地告诉他：“高层领导的事情和你关系不大吧？你一个小职员，风云再怎么变幻也影响不到你。你们主任那是在向你倾倒心理垃圾！”我这么一说，朋友豁然开朗起来：原来主任是在向他倾倒心理垃圾。于是再也不提那些事情了。

心理垃圾究竟该向谁倾倒呢？从这个小故事可以看出：向谁倾倒都不合适，即使是心理咨询师。这也说明了为什么在心理咨询发源和盛行的西方国家，心理医生的自杀率是很高的。心理的垃圾虽然在向人倾诉后显得“干净”，但垃圾根本就没有得到解决，只是从一个人的内心传给了另外一个人而已。而且一传十，十传百，负面的东西传开后影响的绝不仅仅是几个人。不仅影响了自己身边的朋友、亲戚，还累及朋友、亲戚的朋友和亲戚。对最初的倾诉者来说，问题并没有得到根本解决，一旦新问题出现，他还是重蹈覆辙，不能用科学的方法处理自己遇到的现实问题。以心理学的原理讲，一个人的情绪是可以传递给他人的。例如高兴的笑脸会给观看者高兴的感受，并一同高兴起来。相反消极的情绪就会像疾病一样不断地传播开。

那么人们该如何科学合理地处理自己的不良情绪呢？

一是倾诉者本人应寻求多种途径的心理宣泄，并需要像在公共场合讲公德一样不能将自己的负面情绪随意转移给他人。心理宣泄的途径其实很多，常用且有效的方法如运动。心理压抑的人可以进行跑步、打球等体育运动。研究表明运动本身可以刺激大脑产生一种叫内啡肽的物质，该物质不仅可以提高人体免疫能力，还可以使大脑产生愉悦感，从而迅速消除不良情绪。尤其是球类项目，因其本身就具有足够的趣味性。运动可以说是通过肌体的自然规律将不良情绪化减或消除的一种天然环保的方法。换言之，自己的问题应尽量自己解决一部分，不要轻易地让别人分担“心理包袱”。这既是合理解决问题的需要，也是对朋友、对亲属负责的态度。

人的心理处于抑郁状态时，其思考问题往往也是消极的，甚至常常将现实困难扩大，不能用正常的理智状态去看待和处理问题。而往往经过自己的努力消除一些不良情绪后（这其实也是一个解决问题的缓冲期或理智的恢复期），人们就能够用理智的思维找到解决的办法了。即使再向他人倾诉，也是在别人的承受范围内。

二是对倾听者来说，需要注意一些倾听的技巧。毕竟朋友心里不好受我们也是有责任和义务倾听、劝慰的。但是一味的倾听，往往只能将朋友的心理垃圾转到自己身上，垃圾还是没有被“倒掉”。正确的倾听方法是多给倾诉者解决现实问题的方法、技巧，从反面分析倾诉者自己的责任，帮助其恢复理智和信心。

倾诉者在倾诉时，往往饱含着悲伤、抑郁的情绪，倾听者看见和听到后，首先很容易产生共鸣，其结果是自己也跟着悲伤起来，从而忽视了问题的根本所在。倾听者在倾听时，先不要频繁地关注倾诉者的表情，以免被感染，然后尽量站在第三方的角度看待问题，往往容易知道问题的根本原因，从而提出有效的解决办法。这就是“当局者迷，旁观者清”的道理。倾诉者在获得具体解决办法后，情绪就能及时得到控制，将注意力转移到解决现实问题上。很多时候倾诉者的委屈其实是在不良情绪下发生了扩大后出现的，这时倾听者可以从反面提出意见。例如说造成这种局面其实你也有责任，出现这种情况也是很正常的，谁遇到也会这样，等等。因为顺着倾诉者的期待给予安慰，往往就如用油浇火，只会使不良情绪越来越严重。反面意见的刺激有助于倾诉者认清真相恢复理智。

如果一定要找人倾诉时，倾诉的对象不妨是那些不是非常要好的朋友。因为这样的朋友往往对你还有一些未认同、未接纳的地方，他们在听到你的诉说后，能理智地发现问题根本，给你看似无情实则真实无误的点拨。而对他们来说，看到你愿意把心里话告诉他们，说明你对他们是信任的，你们也因此会更加亲密无间。

三是学会间接倾诉。比如当今流行的写博客，上网发帖子，把自己的困惑、烦恼写下来，让网友来给你支招。这样做有两个好的作用：一是你在写的时候其实已经把不良情绪宣泄在电脑上了。而写作本身就是心理宣泄的一种好方法。二是负面情绪的“传染力”大大下降了，因为你不能将自己的表情声音传达给其他人，网友看到的只是文字信息，对他人的负面感染也就少了。

我的孩子是不是同性恋

我是一名正在读初中的男孩子的母亲。我和他父亲一直都很关心他的成长，儿子大了，我们最担心的就是他的早恋问题。因为现在的青少年早恋现象似乎较多，我们担心孩子会因此耽误了学业，所以一直都对孩子跟女孩子之间的交往持反对态度，一旦发现有这样的苗头，我们就联合老师一起引导教育。效果似乎还不错，我们没有发现什么异常的情况，而孩子的成绩一直也稳定在中上游。但是，最近我翻开他藏起来的日记本，惊讶地发现了这样一些文字：

他好帅好帅哦，我真想有他一张照片，贴在我每一本书的第一页，还有文具盒上……今天他终于对我笑了，我的心情好激动，高兴得连课也听不进去了……今天，我终于和他一起打了一会儿羽毛球，我们玩得很高兴，看得出他是喜欢我的……

我想问一下，是不是我们把他逼紧了，让他走上了“同性恋”的道路？而且我也上网查了，据说同性恋发生的地方主要是同一性别多，且不能接触到异性的群体。这让我们感到特别担忧，我的孩子到底是不是同性恋？他将来会不会成为同性恋者呢？我们做父母的应该怎么办呢？

读者：一音

一音读者：

不必担心你的孩子具有同性恋倾向，看得出这是青少年常见的一种“崇拜情节”，就是说他会对班级中长相最帅的同学产生仰慕，崇拜，就像追星一样。而且受传统观念的影响，这个阶段的青少年已经有了强烈的男女性别差异的概念，所以他们往往是男生跟男生一起玩儿，女生跟女生一起玩儿，因此他的崇拜对象是男生并不奇怪。很可能你孩子喜欢的这位男生，还有其他的男同学喜欢，因为他可能是班级中相貌最受大众喜欢的，所以很多人都希望跟他成为朋友，以跟他在一起玩儿为荣。这位受众人“拥戴”的男生，自然就像班级中的明星一样受人崇拜。如果你去实地观察一下，就还会发现一个有趣的现象：就是很多男同学的语言、行为举止，甚至服装都与这位“明星”有着相似之处，因为他们容易在各个方面效仿自己心中的“偶像”。

如果你多观察一下其他同龄孩子的情况，你就会发现自己孩子出现的现象其实是一种常见的现象。随着年龄的增长，青少年会逐渐具备自己的个性，“崇拜—效仿”的行为就会削弱。但是，你孩子目前的这种情况，过度了，也确实会带来一些负面影响。例如影响他的学习，也不利他个人人格的健康发展。所以，你不妨从以下几方面进行引导、干预。

一是帮他分析他目前这种暂时性的思想行为，例如以东施效颦的典故暗示，鼓励他做一个有自己性格，有主见，不人云亦云的人。

二是他崇拜的这位同学成绩优秀吗？品行好吗？从另一面让他看到其不值得崇拜的地方。可以与他们的老师商议，就此问题旁敲侧击地进行一次思想教育。

三是适当松绑他跟女同学的交往。

因为管得太严，孩子可能产生逆反心理，一旦产生，父母的话就失效了。而与异性正常的交往，反而有助于青少年心理的健康成长。

四是给他一点个人空间，保护他的隐私。只要孩子没有什么大的问题，就要尽量避免看他的私人日记。如果他发现自己的日记被人动了，就很容易破坏父母与子女之间的信任，父母多年积累的威信也可能因此荡然无存。

父母为什么表里不一

为什么我们不能撒谎？撒谎就要被父母批评，甚至因此挨打。而当有邻居来我们家借东西，尤其是贵重东西时，妈妈总是借口坏了，或者直接说没有。爸爸有一次看关于禁烟的电视片，就告诫我不能抽烟，而他自己却在别人面前大肆抽烟，一根又一根。这样的情况不少，仿佛很多事情只能大人干，小孩子就不能干，而这些事情，往往又是不道德、不健康的。唉，真是搞不懂，大人为什么总是用双重标准对待我们？

读者：乔乔

乔乔，你好！

很高兴你这么小就懂得明辨是非。虽然自己遭遇了一些委屈，但是也因祸得福地锻炼了自己的思考能力，不是吗？

父母的这种双重标准其实是很普遍的，不仅仅是你会遇到这样的困惑，其他的小朋友，甚至是我们这些成年人小时候也遇到过。父母这种看似矛盾的双重标准，其实也是情有可原的：

一方面，父母不允许你撒谎、抽烟，是希望你做个诚实的人，并健康的成长，其目的还是对你们负责，为你们好。另外一方面，作为成人，他们有能力为自己的一些行为负责，而你们还小，在这个年龄段一旦误入歧途，往往就可能影响你们的一辈子。此外人无完人，任何人的父母自然都有自己的缺点和不足，也许自私，也许宽己严人了点，那也是有很多不得已的原因在里面。大人要面对生活、工作等多种压力，他们也有自己的不少烦恼。但是作为父母，他们严格监督、约束自己的孩子，希望孩子朝好的方向发展，其实这已经尽到了做父母的责任和义务了。

从积极的方面想，父母的缺点对你来说未必是件坏事。只要你具备了这些明辨是非的能力，分得清什么是好的，什么是不好的，并抵制不好的思想行为，其实反而能够从反面促进一个人思想的成熟，并丰富你的人生阅历。在你写作文时，融入你细心观察的这些现象，并加以思考和质疑，我相信你的作文水平会很快提高起来的。这就变“废”为“宝”了。

最后，如果父母确实有些地方做得过分了，你不妨大胆地表达出来，我相信他们会更加注意自己的言行。为了避免自己的缺点与不足影响你，父母将会把“为人师表”做得更好。而你自己呢，既然知道明辨是非，就努力让自己按照父母的要求做正确的事情吧。

孩子为什么爱摔东西

我的孩子刚刚学会走路，但我们发现他有个坏毛病，就是爱摔东西，而且我们越是责备他，他越是摔得起劲。家里的玻璃瓶子被他摔坏了不少，大人的手机也被他糟蹋了几部。该收起来的，我们都收起来，不让他看到，但是手机却难收起来，孩子一旦看到大人在用手机，就哭着闹着要。没玩儿多久，他就开始把手机狠狠地往地上摔，每当此时，我们总是如临大敌，用尽各种语言劝阻，可他不但不听，还加劲地摔起其他东西来。他这么小，我们打也不是，骂也没用，真是烦透了，不知有什么好办法纠正他这种破坏行为呢？

读者：陈凡

陈凡，你好！

孩子的这种行为不难纠正，但首先得明白摔东西行为的形成原因，从源头阻断。

孩子的这种行为并不少见，究其原因主要有两点：一是这么小的孩子还不懂得如何“接人待物”，就是用了东西不知道如何放置才是正确的。由此，当小孩觉得一样东西没趣味时就容易随手一扔了事。但这只是一种自然的现象，很多小孩都可能出现，而其更主要的促发因素却在照顾他的家人。孩子第一次“无意”摔东西时，家人不由大惊失色，尤其是在摔贵重的物品时，大人常常大声喝阻。可惜的是，这么小的孩子还不会说话，也不懂真正的语言，家人突然对着他大呼小叫，反而让小孩产生兴趣：怎么一摔东西，他们就开始关注我呢？而这时的小孩已经有了一种被关注的需求，希望周围的所有人都围着自己转动。一摔东西就被众人关注，孩子就可能觉得像玩某种游戏一样有趣，因而会继续玩下去。另外，大人的惊叫，甚至会让孩子误认为自己做对了什么事情而获得的表扬，从而重复摔东西的行为。换言之，大人的行为很可能弄巧成拙，强化了孩子摔东西的行为。

预防和纠正这种不良行为可从“硬件”和“软件”入手。硬件就是，家里的地板尽量采用柔软类型，这样也可以防止孩子意外摔倒受伤；给予柔软不易摔坏的玩具，以及玩具手机替代等。软件就是，当孩子出现摔东西行为时，大人不要太在意，可暂时走开，或不予理睬，如此多次，孩子的行为就自然矫正过来了；或者正面鼓励孩子摔东西，让他一次性摔个够，直到出现疲劳、厌倦为止，也能让孩子戒除摔东西的坏毛病。

为什么妈妈总给我买男孩的衣服

上了小学，我就有了一个“假小子”的外号。伴随外号而来的就是很多烦恼。我回想起上学以前，自己穿的衣服就是这样啊。从小妈妈就给我买那些很像男孩的衣服穿，而且很多时候她居然还叫我“儿子”。我那时还小，不知道男女的区别，就习惯了妈妈给我穿的衣服和称呼。长大了才知道这些，我想变回我本来的样子，可是还来得及吗？我怎么才能说服妈妈呢？

枭枭（三年级）

枭枭：你好！

你的烦恼当然可以解决了，同时也要告诉你没必要为这样的事情烦恼，因为“假小子”未必不是一件好事。因为假小子之所以叫小子，往往是因为一个人具有男孩子那样的勇气和胆量，例如不怕虫啊什么的。胆大和勇敢的人，是不是不容易被欺负呢？

不必因此烦恼的另外一个重要理由是：部分你们这个年龄

的小孩，男女特征可能是不明显的，穿着类似男孩的服装，一样也显得得体、有精神。况且你可以注意观察那些长大的姐姐、阿姨们，她们的某些衣服也可能具有男装的一些特点。

再有就是，虽然比起上学前你长大了点，可是在大人眼里，你就算到了中学，仍然是一个小孩子哦。所以，不必太在乎假小子的外号。而假小子的外号已经诞生几十年了，很多人小时候都可能有假小子的外号。我认识的一位老师小时候也是一个地道的“假小子”，不仅衣着像小子，脸蛋也像男孩，而且性格比男孩还调皮。但是随着年龄的增长，她慢慢地回复了“女儿身”，变得非常漂亮。虽然人变了，可是她身上假小子的那些大胆、勇敢、活泼的特点，却深受同事的喜欢。

如果你确实不想体验“假小子”的角色了，不妨直接告诉妈妈。你可以把学校里的“遭遇”告诉她，甚至问她是不是真把你当男孩了，她是不是有“重男轻女”的旧思想？相信这么一提，妈妈就知道该怎么办了。你是女孩子的事实是谁也改变不了的。

祝你成功！

打球有什么不好

我真不明白，打球到底有什么不好？爸妈为什么就不让我打呢？

要说影响学习嘛，我每次都是做完作业才去的，以前成绩也从没因此下降过啊！再说了，平时总是学习、学习、再学习的，总得做点运动调节调节。打球不仅可以锻炼身体，还有助于开发智力、培养意志力，又不是一无是处。

每次只要我一去打球，回来后爸妈就要给我讲一堆大道理，好像我去做了什么坏事似的，真烦人！跟他们争辩吧，一点用也没有，他们还觉得自己有道理，就只会让我埋头学习。

因为这事，我心里很难受，心情很糟糕，上课老走神，这段时间学习成绩也下降了。爸妈知道后，又有得说了，肯定会认为都是我打球引起的。哎！他们根本不知道问题在哪里。

子健

子健，你好！

感觉你是一个爱学习，又活泼好动的好孩子。而你现在面临的烦恼，责任也确实不在你。

你父母自然有不对的地方。打球正如你所说，既锻炼身体，又能开发智力，是一项很好的运动。可是为什么父母却一再反对呢？其实这是由于你和父母对打球的认识存在较大差异造成的。你呢，认为打球是能锻炼体能和智力的好运动，你也是抱着这样的目的对待打球的。而父母呢，则未必是这样想的，他们很可能认为，打球就是一项娱乐活动，是一个玩耍的项目，可能怀疑你为了贪玩找的这么一个借口。但更重要的是，他们会担心你因为打球耽误学习，担心你迷上打球而荒废学业。要知道，打球是一项很消耗体力的运动，在没有教练或体育老师科学的指导下，你也很可能在打球的过程中受伤。如此，父母就会担心你的身体，担心你因为受伤而延误学习。

所以说，父母虽然有些“不通情理”，但是动机是好的，一切都是为你的学习和安全着想。因为学习是你目前首要的任务，而你能百分之百的保证自己不会因迷恋打球而降低对学习的兴趣吗？所以，你也会有潜在的责任。

那么怎么化解跟父母在打球上的矛盾呢？其实，最重要的就是要跟父母在玩耍和体育锻炼的认识上达成一致。我想，你的父母也是希望你有空锻炼的，但是打球本身从不同角度看就会是不同的性质。所以，不妨先从纯粹的体育锻炼开始入手，征得父母的支持，例如跑步等常规锻炼方式，进而上升到具有技巧性的项目上来，如打球等。这样，你养成了体育锻炼的习惯，再提出打球的要求，父母就容易理解为你是在更新、扩展运动项目，而不会轻易跟玩耍联系在一起。当然，如果学校要定期举办一些比赛，你不妨以“展现自己，为班集体争光”的目的报名参加，有了集体和学校的支持，你的锻炼就名正言顺，父母也不会多说什么的。

如果，父母仍旧不予理解（这种可能性就很小了），把跑步也视为玩耍的话，那么就需要“严正交涉”，讲讲道理了。但是讲道理要注意技巧，你可以借“他人之口”，借名人名言来说服父母。例如李大钊先生的名言：学要学得踏实，玩要玩得痛快。然后你再明确告诉他们，你这段时间成绩下滑，就是因为他们对你打球的误解造成的。

相信你的愿望能够得到实现，祝你进步！